マリンスポーツのための

海の気象がわかる本 新版

知っておきたい55の知識

海専門の気象予報会社　サーフレジェンド　監修

はじめに

楽しく安全にマリンスポーツをするために気象・海象の知識を覚えよう！

周囲を海に囲まれた日本では、昔から海のレジャーが楽しまれていました。日本で初めて海水浴場が開かれたのは、陸軍初代軍医総監の松本良順による神奈川県大磯海岸で、明治5年となっており、比較的に新しいです。しかし、木片によって波に乗る「板子乗り」というまるでサーフィンのような遊びが、江戸時代に各地の漁師が行っていたという話もあります。今では、五輪種目になっている「セーリング」「サーフィン」「オープンウォータースイミング」や「ダイビング」「マリンジェット」

「ウェイクボード」「水上スキー」などの多くのマリンスポーツが楽しまれており、私たちは自然の恵みを恩恵しています。

一方で、自然には危険が潜んでいます。毎年のようにマリンレジャー活動中の事故により死者や行方不明者が出ております。その中には、気象・海象の知識があれば防げているものもあります。知識不足によって起きている事故があります。

楽しく・安全にマリンレジャーができるように、是非気象・海象の知識を身につけていただければと思います。

本書の使い方

本書は、マリンスポーツを安全に楽しく行うために覚えておきたい、気象の基礎知識を紹介しています。天気の知識から始まり、風と波の知識、季節ごとの天気の特徴、その他、海の危険や様々な気象現象などを、図解を用いて分かりやすくまとめました。気象・海象の知識を読み深めていただいてから競技に臨みましょう。

図解解説
このページで取り上げる内容を図解を使って分かりやすく解説しています

項目番号
55項目の気象学を紹介しています

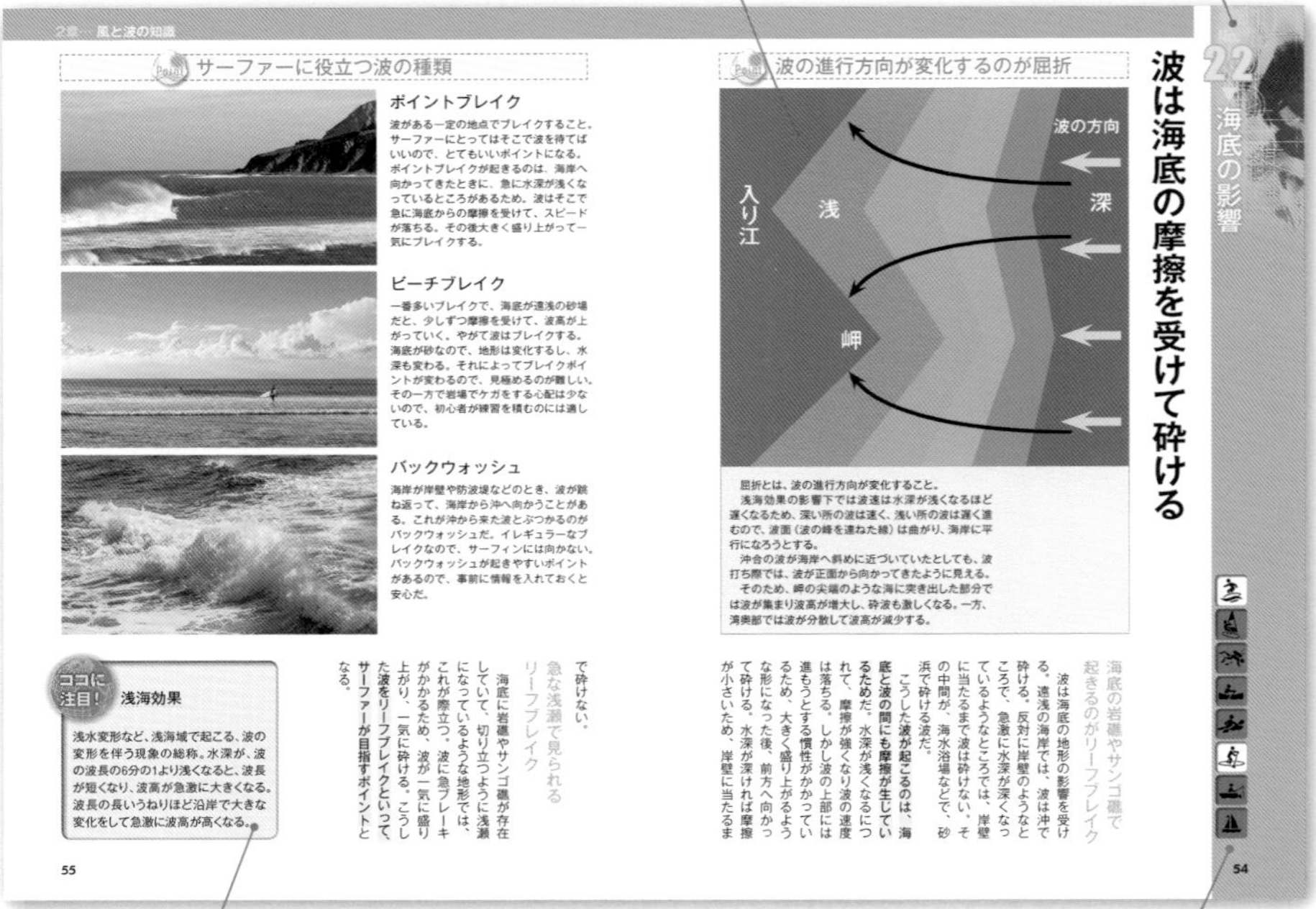

2章…風と波の知識

22 海底の影響

波は海底の摩擦を受けて砕ける

波の進行方向が変化するのが屈折

波の方向
深
浅
入り江
岬

屈折とは、波の進行方向が変化すること。
浅海効果の影響下では波速は水深が浅くなるほど遅くなるため、深い所の波は速く、浅い所の波は遅く進むので、波面（波の峰を連ねた線）は曲がり、海岸に平行になろうとする。
沖合の波が海岸へ斜めに近づいていたとしても、波打ち際では、波が正面から向かってきたように見える。
そのため、岬の尖端のような海に突き出した部分では波が集まり波高が増大し、砕波も激しくなる。一方、湾奥部では波が分散して波高が減少する。

海底の岩礁やサンゴ礁で起きるのがリーフブレイク

波は海底の地形の影響を受ける。遠浅の海岸では、波は沖で砕ける。反対に岸壁のようなところで、急激に水深が深くなっているようなところでは、岸壁に当たるまで波は砕けない。その中間が、海水浴場などで、砂浜で砕ける波だ。
こうした波が起こるのは、海底と波の間にも摩擦が生じているためだ。水深が浅くなるにつれて、摩擦が強くなり波の速度は落ちる。しかし波の上部には進もうとする慣性がかかっているため、大きく盛り上がるような形になった後、前方へ向かって砕ける。水深が深ければ摩擦が小さいため、岸壁に当たるまで砕けない。

急な浅瀬で見られるリーフブレイク

海底に岩礁やサンゴ礁が存在していて、切り立つように浅瀬になっているような地形では、これが際立つ。波に急ブレーキがかかるため、波が一気に盛り上がり、一気に砕ける。こうした波をリーフブレイクといって、サーファーが目指すポイントとなる。

サーファーに役立つ波の種類

ポイントブレイク
波がある一定の地点でブレイクすること。サーファーにとってはそこで波を待てばいいので、とてもいいポイントになる。ポイントブレイクが起きるのは、海岸へ向かってきたときに、急に水深が浅くなっているところがあるため。波はそこで急に海底からの摩擦を受けて、スピードが落ちる。その後大きく盛り上がって一気にブレイクする。

ビーチブレイク
一番多いブレイクで、海底が遠浅の砂場だと、少しずつ摩擦を受けて、波高が上がっていく。やがて波はブレイクする。海底が砂なので、地形は変化するし、水深も変わる。それによってブレイクポイントが変わるので、見極めるのが難しい。その一方で岩場でケガをする心配は少ないので、初心者が練習を積むのには適している。

バックウォッシュ
海岸が岸壁や防波堤などのとき、波が跳ね返って、海岸から沖へ向かうことがある。これが沖から来た波とぶつかるのがバックウォッシュだ。イレギュラーなブレイクなので、サーフィンには向かない。バックウォッシュが起きやすいポイントがあるので、事前に情報を入れておくと安心だ。

ココに注目！ 浅海効果
浅水変形など、浅海域で起こる、波の変形を伴う現象の総称。水深が、波の波長の6分の1より浅くなると、波長が短くなり、波高が急激に大きくなる。波長の長いうねりほど沿岸で大きな変化をして急激に波高が高くなる。

54

55

ココに注目！
プラスアルファとなる気象知識や雑学を解説しています

マリンスポーツ
解説内容が主に該当するマリンスポーツをアイコンで表示しています。アイコンマークの付いている競技は、特に読み進めて知識を深めてください

- サーフィン
- ウィンドサーフィン
- スキューバダイビング
- ボート
- カヌー
- SUP
- 釣り
- ヨット

※本書は2021年発行の『マリンスポーツのための 海の気象がわかる本 知っておきたい55の知識』を「新版」として発売するにあたり、内容を確認し一部必要な修正を行ったものです。

1章 天気図の知識と天気図

天気の基礎知識を解説しています。大気や気圧、雲の発生や種類、前線や天気図の見方など、誰もが知っておきたい事項です

2章 風と波の知識

風や波がどのように発生、関係するのかを解説しています。他にも波の名称など、マリンスポーツを安全に楽しむための知識です

3章 四季とマリンスポーツ

日本には春夏秋冬があります。季節によって、どんな気象になるのか、どんなマリンスポーツがおすすめで注意すべきことがあるのかを解説します

4章 潮と海の危険

海には潮の流れがあり、基本的な知識を知らないと海難事故を起こす危険性もあります。他にも雷や突風などの急な気象変化も知っておきましょう

5章 様々な気象現象

日本では台風が有名ですが、地球上には色々な気象現象があります。マリンスポーツに直接関係のないものもありますが、知識として取り入れましょう

巻末資料 天気図・天気予報の見方

テレビのニュースや気象庁などが発表する天気情報は、海に出かけるときには欠かせません。どんな情報や予報を伝えているのか、その見方を紹介します

マリンスポーツのための海の気象がわかる本 新版
知っておきたい55の知識

CONTENTS

※本書は2021年発行の『マリンスポーツのための 海の気象がわかる本 知っておきたい55の知識』を「新版」として発売するにあたり、内容を確認し一部必要な修正を行ったものです。

1章

天気の知識と天気図

「海の天気」の前に、まずは天気の基本を学ぼう。
海洋における物理学的・化学的・生物学的な
諸現象の総称を「海象」と呼ぶが、
「海象」の多くは「気象」に基づいている。
すべての海のスポーツに天気の基礎知識が必要だ。

天気は大気を理解することから始めよう

Point 地球は大気で覆われている

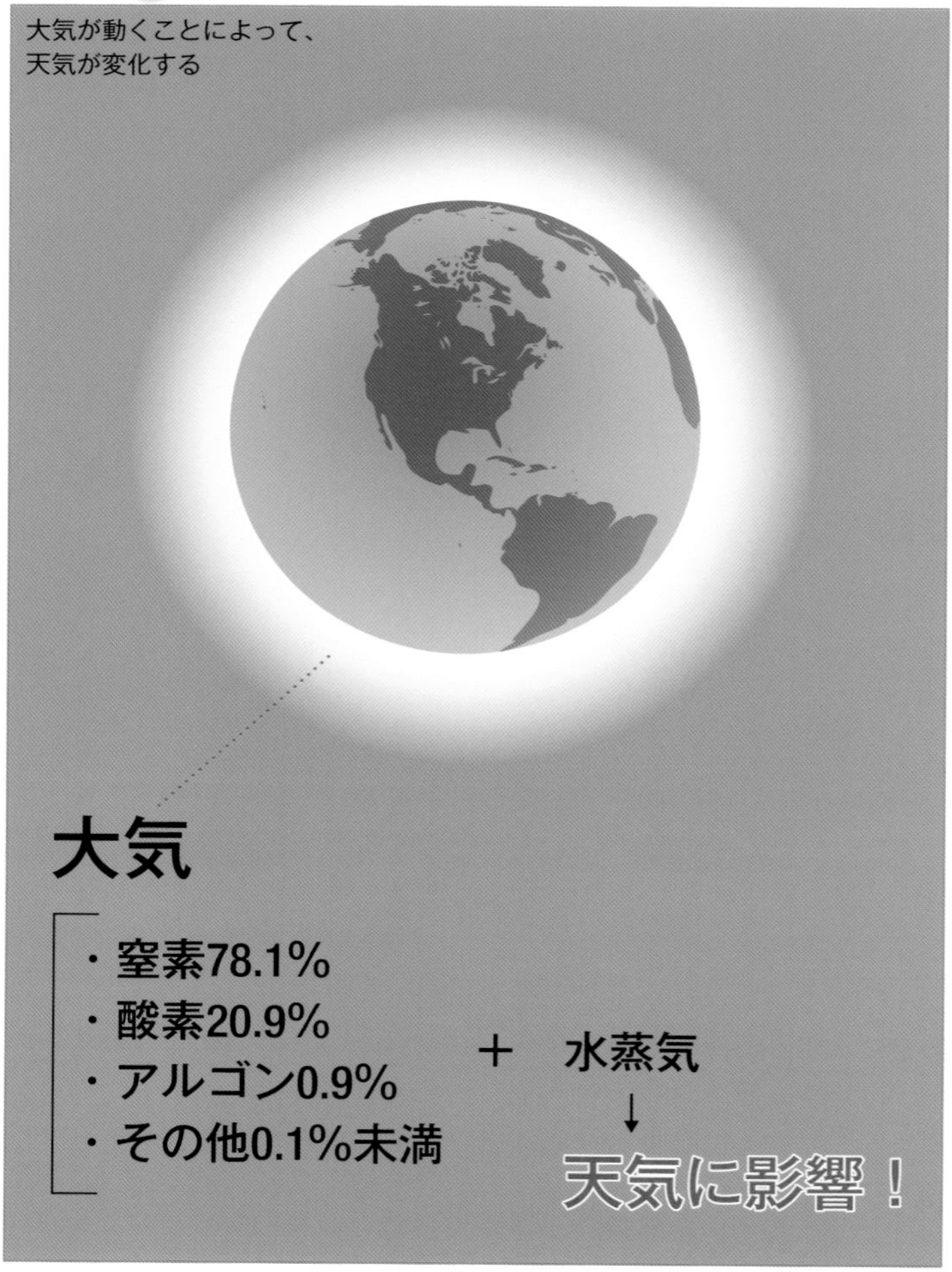

大気中に含まれる水蒸気量は違う

天気を知るためには、地球を俯瞰して、理解する必要がある。**晴れたり、曇ったり、雨が降ったりするのは、地球を覆っている大気が移動することによって生じる気象現象**だからだ。

地表からおよそ１００㎞までを大気が覆っている。大気を構成するのは、窒素が約78%、酸素が約21%。その他に二酸化炭素やアルゴンなどがある。

大気を身近な言葉で言い換えると空気。空気には水蒸気が含まれている。冬は空気が乾燥しているとか、梅雨時はジメジメするというように体感することができる。

水蒸気量は１㎥の空気中に含

Point 湿度は気温で変化する

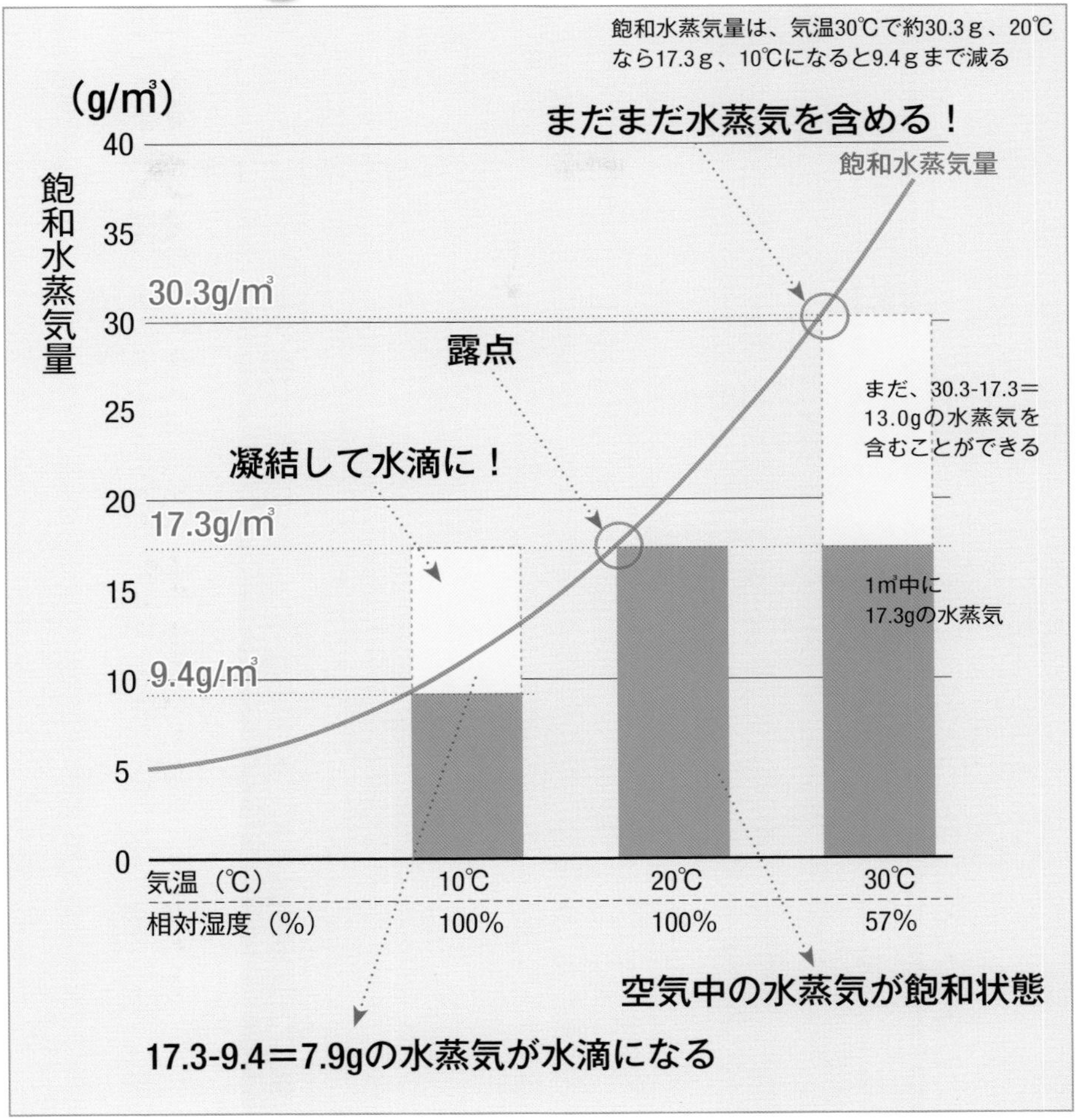

ココに注目！ 飽和水蒸気量

氷と水を入れたコップを常温に置いておくと、コップの周りに水滴がつき始める。これは周囲の空気よりもコップの周りの温度が低くなり、飽和状態になるから。空気が冷えると雨が降るのも、これと同じ原理だ。

まれる量で表す。水蒸気をたっぷりと含んでいれば、空気は湿っており、少なければ乾燥している。最大でどれだけの水蒸気を含めるかは、空気の温度が関係してくる。空気が温かければ、より多くの水蒸気を含むことができる。冷たければ少なくなる。これが飽和水蒸気量である。

この水蒸気を含む地表から100㎞を覆う大気の重さによって生じる力が、気圧という数値で表わされて、空気の流れを作る。その仕組みは次の「気圧とは」で説明していく。

気圧の差が大気の流れを作る

Point コの字型管の実験で空気の流れを知る

水が多い方から少ない方へ流れる

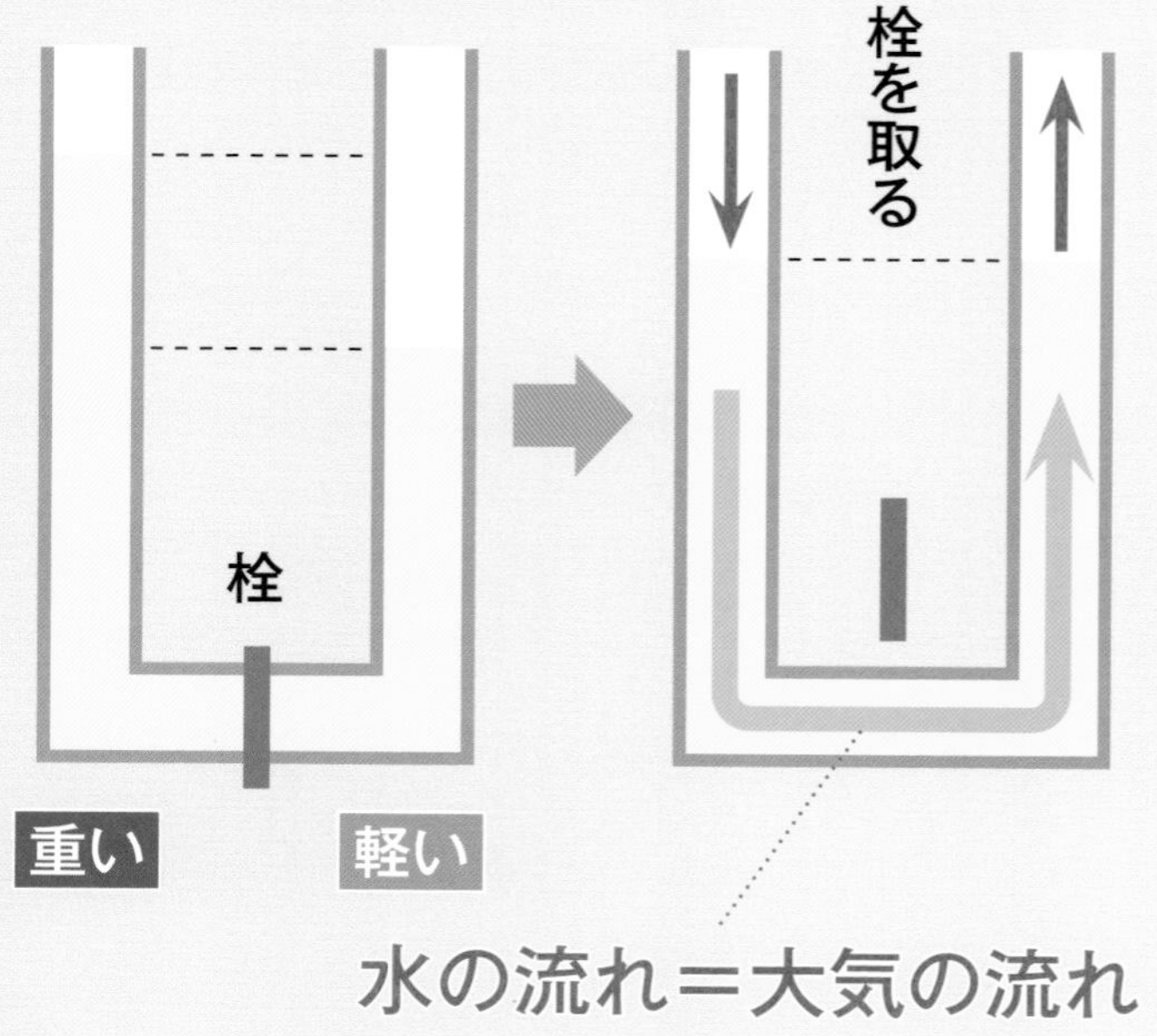

標高差などによって気圧の高低が生じる

地表を覆う空気量が多くなると単位面積あたりで受ける力が強くなり、空気量が少なくなると単位面積あたりで受ける力が弱くなる。空気の重さによって生じる力が違うと、どうして空気の流れが生じるのだろうか。

上のイラストを見てみよう。コの字型の管の実験では、水が多い方から少ない方へと流れる。これは水に重力があるためだ。水が多い方が強い重力がかかり、少なければ弱い。このため水は左から右へと移動したのである。

空気でもこれと同じようなことが起きる。**ある地点と別の地点で空気の重さ（気圧）が違うと、重い方から軽い方へ空気が移動**

Point 気圧が高いと空気もたくさんある

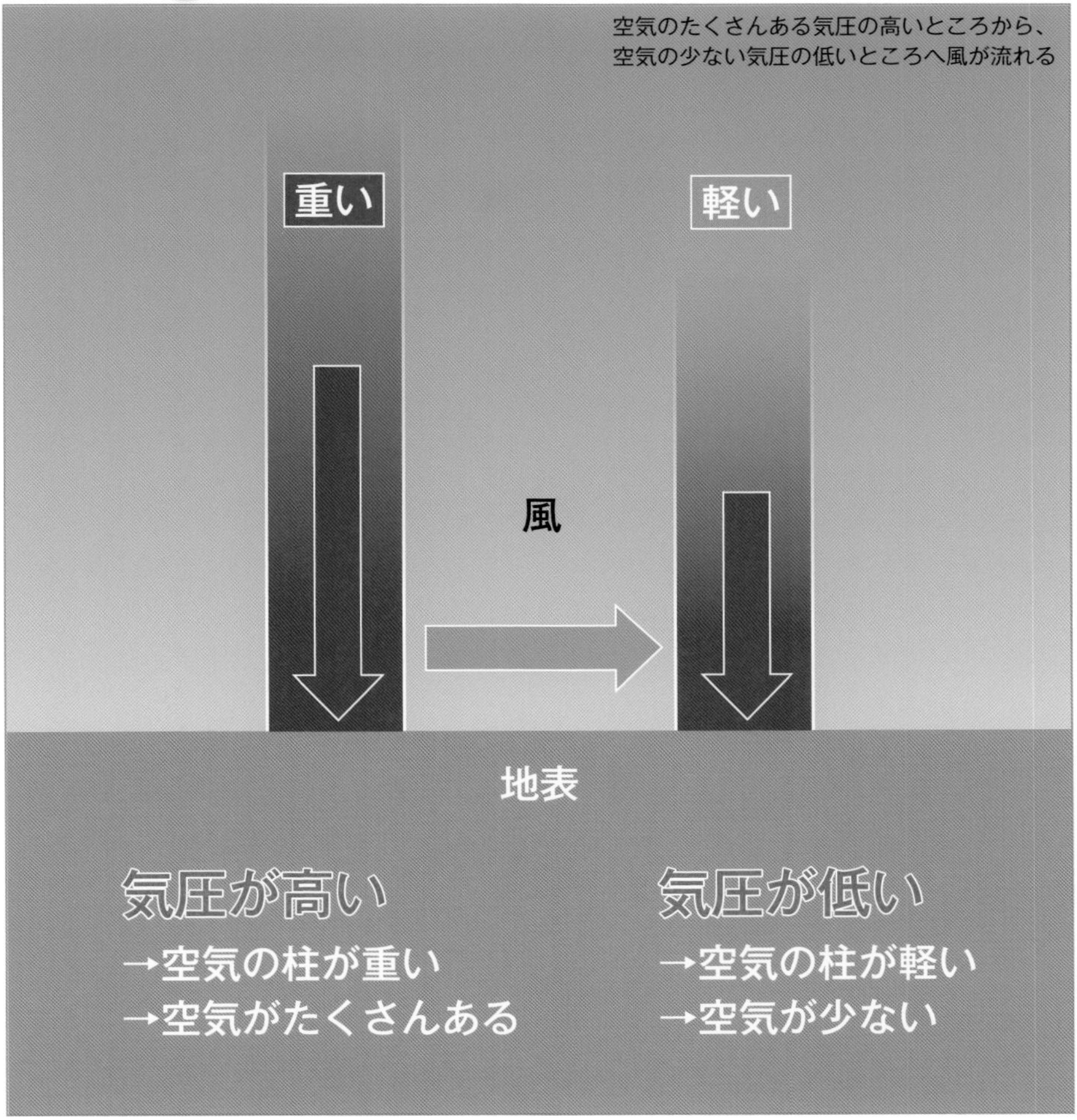
空気のたくさんある気圧の高いところから、
空気の少ない気圧の低いところへ風が流れる
重い
軽い
風
地表
気圧が高い
→空気の柱が重い
→空気がたくさんある
気圧が低い
→空気の柱が軽い
→空気が少ない

してバランスを取ろうとする。これが地球規模で起きるのが、大気の流れだ。気圧の違いによる空気の流れを理解するには標高差をイメージしよう。高い所から低い所に向かって水が流れるように、気圧の高い所から低い所に向かって空気が流れる。

また、同じ面積の上に存在している空気量を比較したとき、山頂よりも平地の方が多い。このため基本的に、山頂は平地よりも気圧は低くなる。この他に温度差など、気圧が変化する要因はいろいろある。

ココに注目！ 高度と気圧

高度が高くなるほど気圧が低くなる。ポテトチップスをもって登山に行くと、山頂では袋が膨らむのはこのため。また、気圧が低いと水が沸騰する温度が低くなる。富士山山頂の沸点は約88℃となっている。

気圧が同じところを結んだ線を等圧線という

Point 等高線は地形を表す

等高線の幅が狭いところが、急な崖。
広いところは、なだらかな丘陵

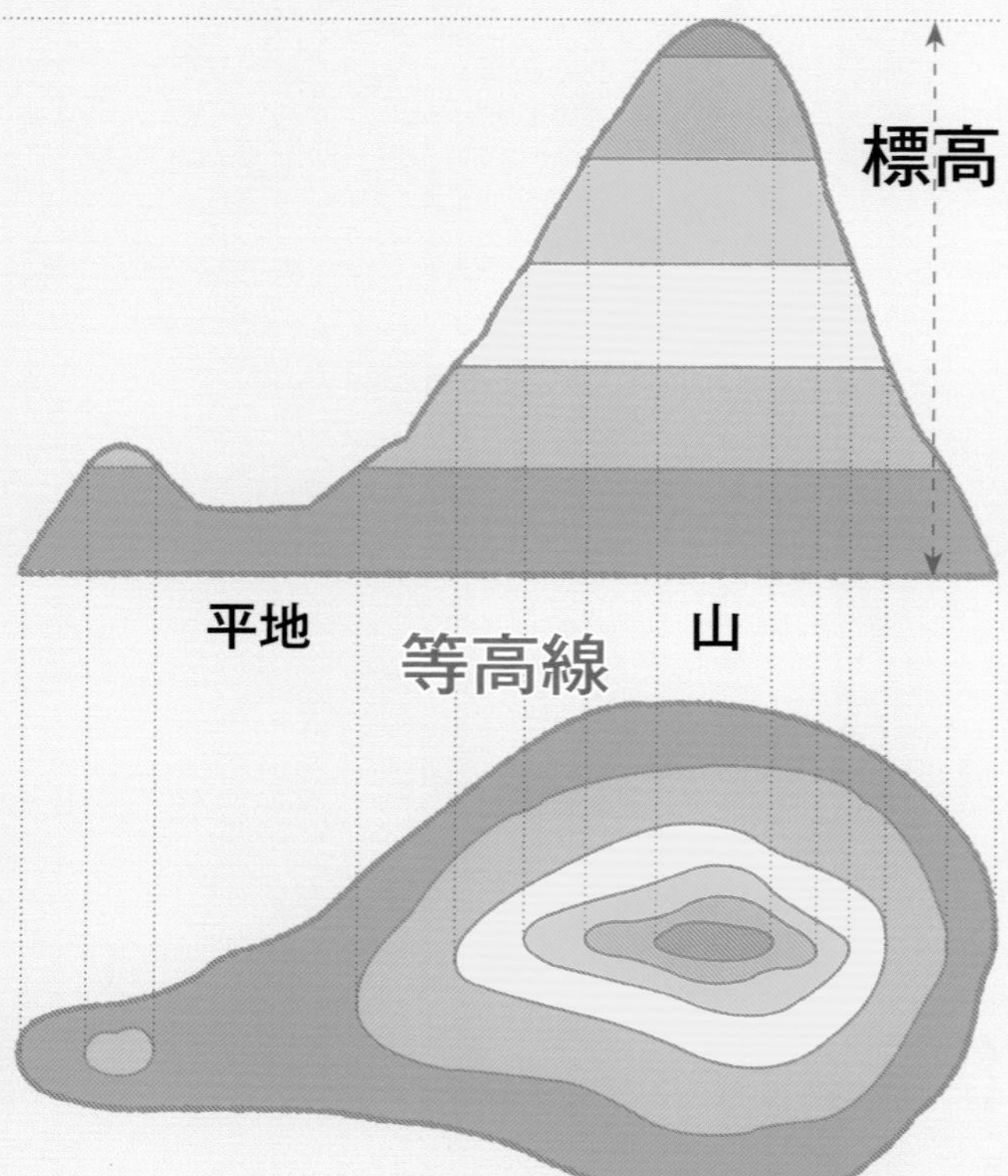

地形を表す等高線と同じルールを採用

気圧配置を視覚的にわかりやすく表すために、等圧線が用いられる。等圧線とは、同じ気圧の地点を線で結んだもので、気圧の高い地点と低い地点が一目でわかる。

標高を表すための、等高線というものがある。特に登山用の地図などに使われて、標高や山の地形などがわかる。等圧線は、等高線の標高を気圧に置き換えたものだ。

天気図を見たときに、等圧線が円形に閉じているところが、高気圧や低気圧。円に近い形状をしていることもあれば、ゆがんだ楕円形のこともある。周囲よりも気圧が高ければ、そこが

Point 等圧線は気圧配置を表す

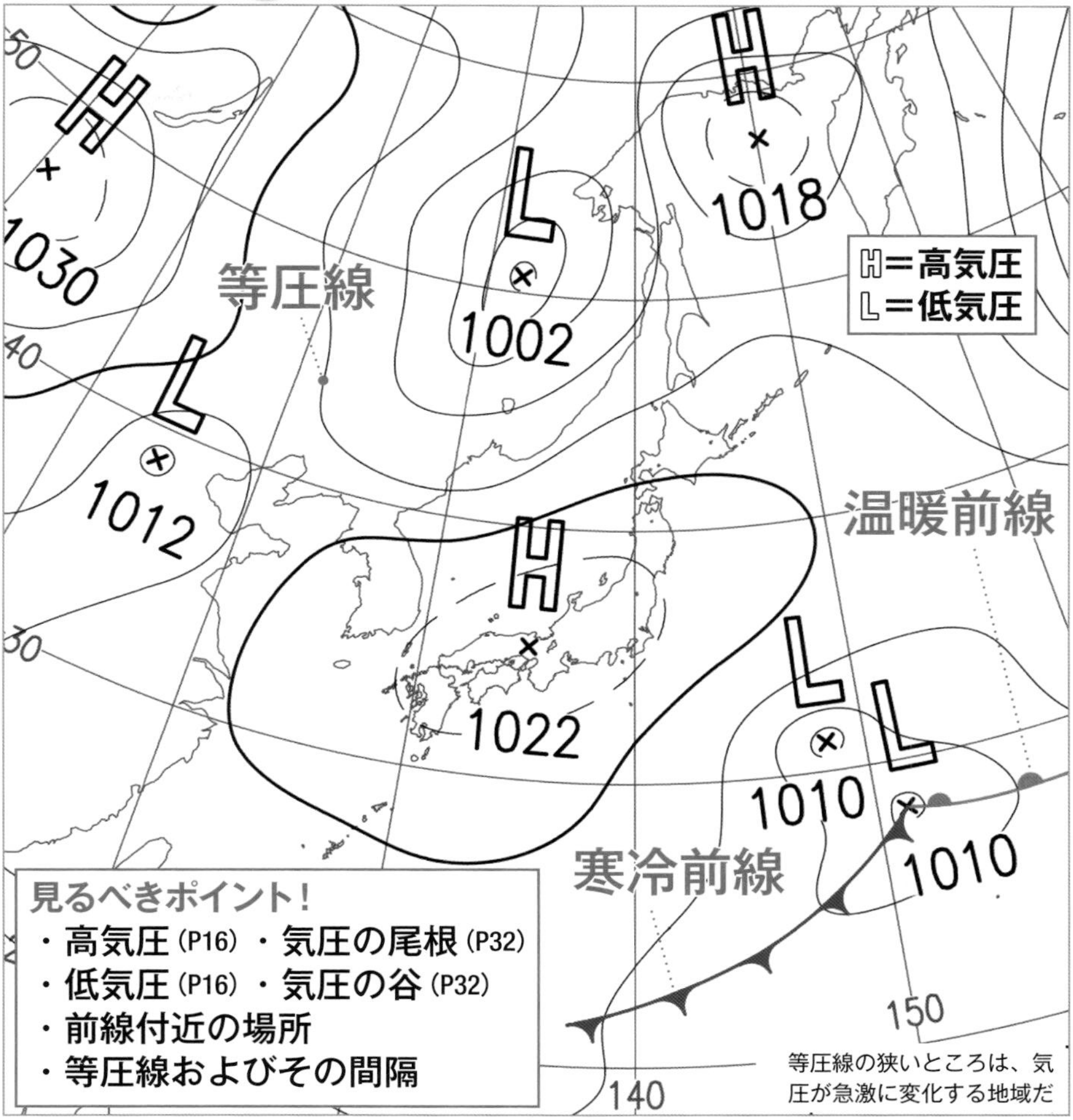

※気象庁ホームページより

高気圧であり、気圧が低ければ低気圧である。

複数の高気圧や低気圧を囲むような等圧線もある。また等圧線が円形・楕円形のように閉じてなくても周囲よりも気圧の高い所や低い所があり、それぞれ気圧の尾根や気圧の谷と呼ばれていて、特徴的な気象を生じさせる要因になる（P32気圧の谷と気圧の尾根）。

また高気圧や低気圧は、基本的に西から東へと移動する。日本列島では天気が西から東へ移って行くのはこのためだ。

ココに注目！ 天気図

地図上に天気、気圧、等圧面における高度、気温、湿数などの値を、等値線その他の形で記入した図のこと。一般には「地上天気図」のことをいうが、気象予報士などの専門家は上空の天気図も見ている。

高気圧から低気圧へ気流が生まれる

Point 高気圧から低気圧への大気の流れ

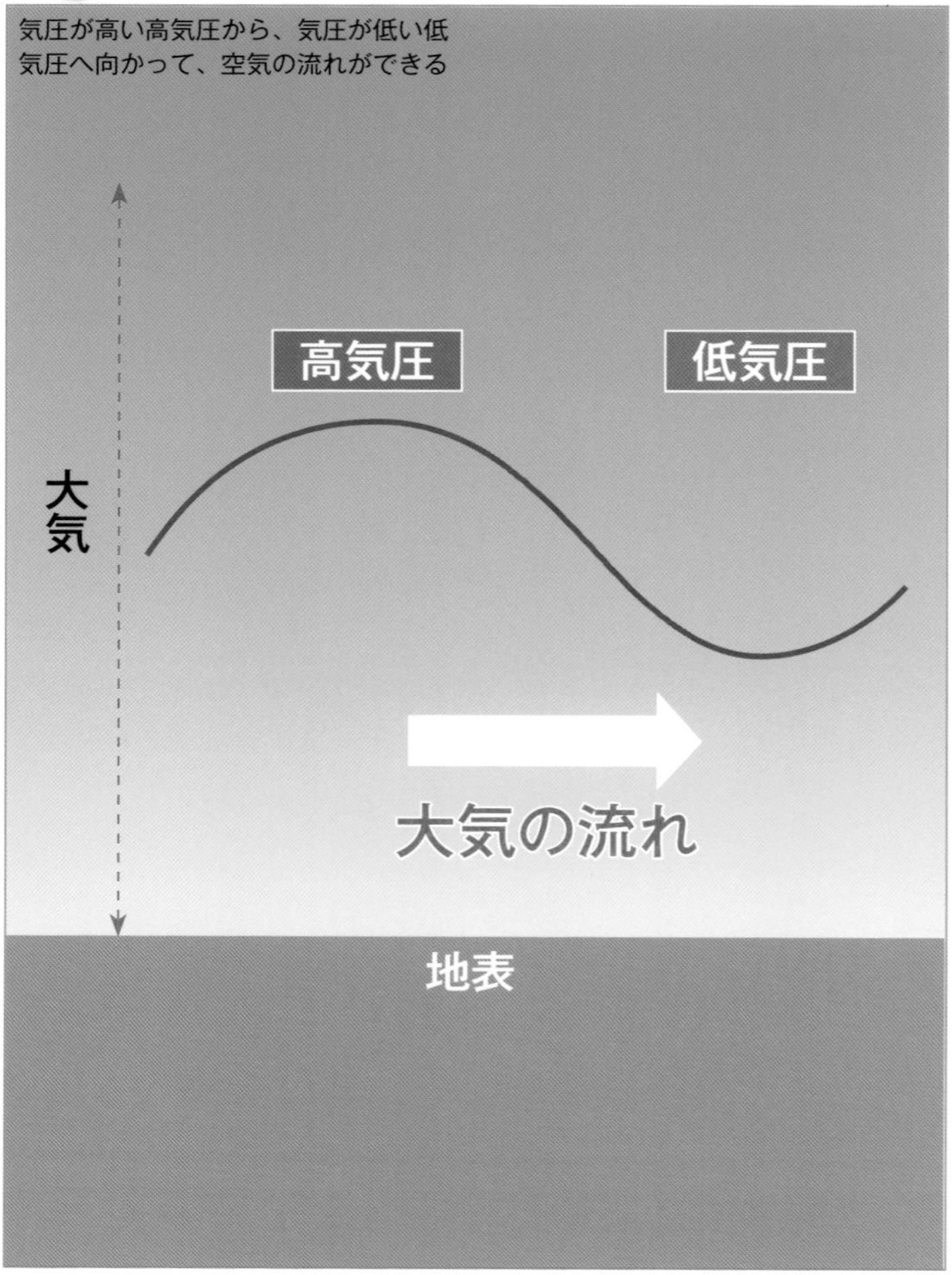

風が吹くのは気圧の違いがあるから

名前の通り、高気圧は気圧が高いところで、低気圧は気圧が低いところ。空気は気圧が高いところから低いところへ流れるので、地球上の大気は高気圧から低気圧へと流れる。

高気圧から低気圧への空気の流れが気流。これが風の正体で、風が気象に与える影響は大きい。特に等圧線が狭くなっているところでは、気圧の差が大きいため、強い風が吹く。

このときコリオリの力（P18コリオリの力）を受けて風は方向を変える。渦は自転が原因なので、北半球では高気圧から低気圧へと流れる空気＝風は次第に右に曲がっていく。このため、

Point 気圧によって気流が生じる

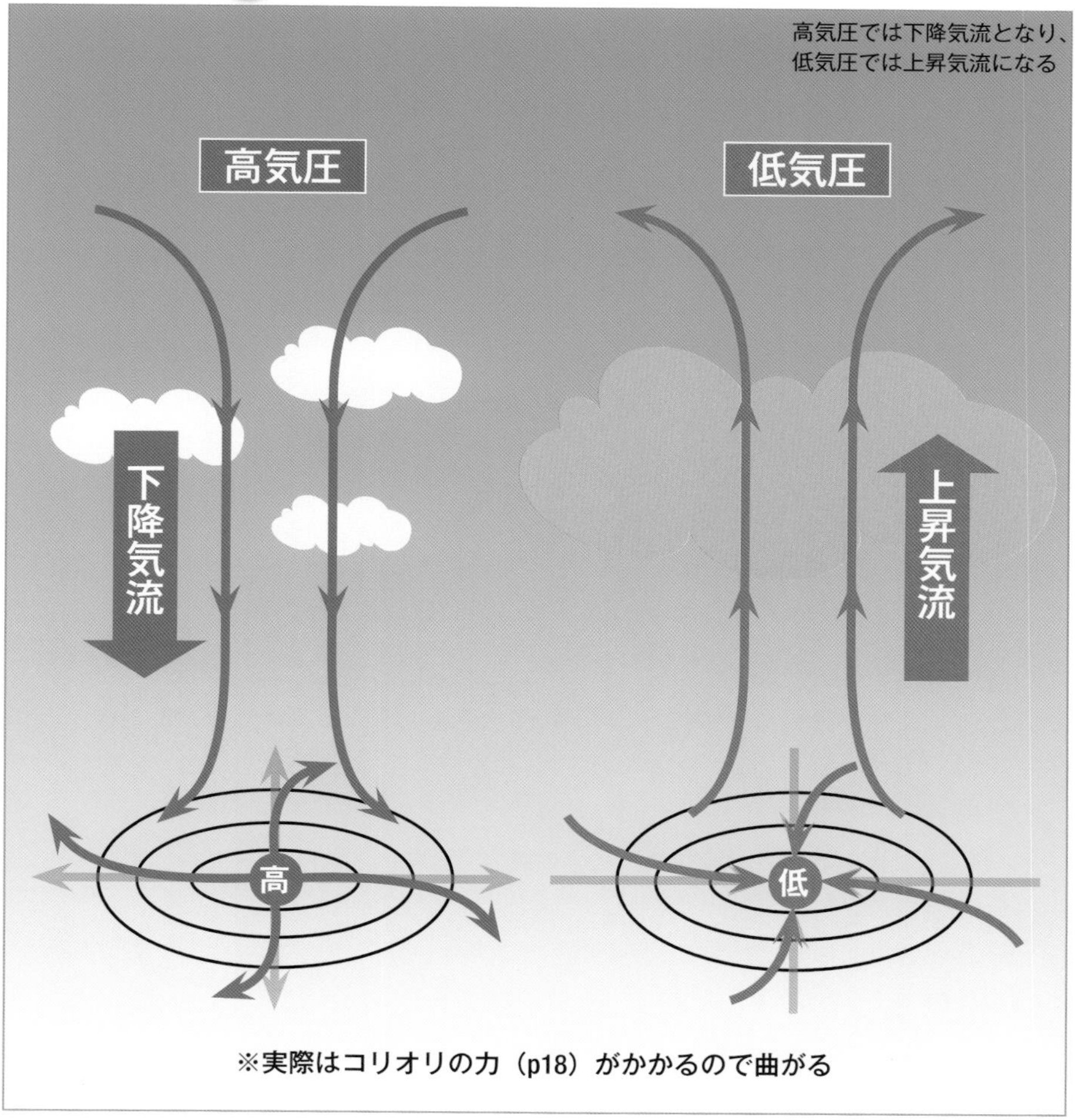

※実際はコリオリの力（p18）がかかるので曲がる

高気圧からは時計回りに風が吹き出し、低気圧には反時計回りで風が吹き込む。

高気圧では、下降気流が生じているため、雲ができにくく、一般的に天気は良くなる（Ｐ20高気圧と下降気流）。また高気圧には、移動性の規模が小さなものや、気団と呼ばれる大規模で、その場に停滞したままのものがある。

一方で低気圧では、上昇気流が生じるため、雲ができやすく、一般的に天気は悪い（Ｐ22低気圧と上昇気流）。

ココに注目！ 気圧傾度力

大気中において気圧の差によって生じる力。気象学では「風は気圧傾度力によって起こる」となっており、気圧傾度力が風の原動力となる。等圧線が混み合っている所では気圧傾度力が強く、間隔の空いている所では弱い。

大気は自転の動きにおいていかれる

Point 地軸の傾きと自転

地球は自転していて、その軸は
23.4度傾いている

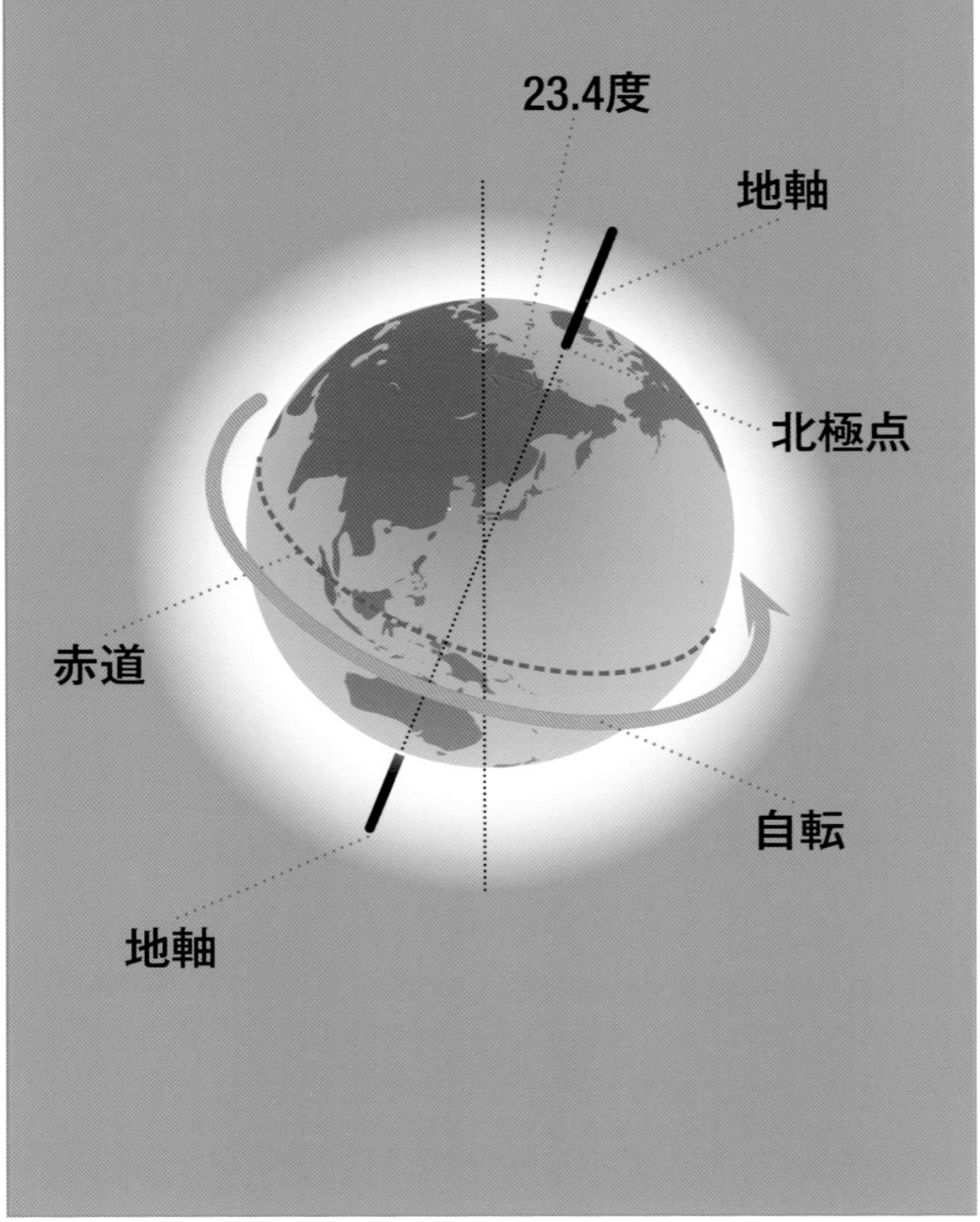

北半球の高気圧は時計回りの渦になる

地球は自転している。大気は自転からおいていかれるため、見せかけの力を受ける。これをコリオリの力という。

北極点に立って、赤道に向けて野球のボールを投げることを想像してみよう。このボールは引力の影響は受けずに、どこまでも飛んでいくことにする。するとボールは投げた直後は真南に向かって飛ぶが、徐々に西へ西へ（右へ右へ）と軌道が逸れていく。ボールが飛んでいる間も、地球は自転していて、ボールはこれに置いていかれるためだ。

これを高気圧と低気圧に当てはめてみよう。高気圧から低気

Point 自転によってコリオリの力が生じる

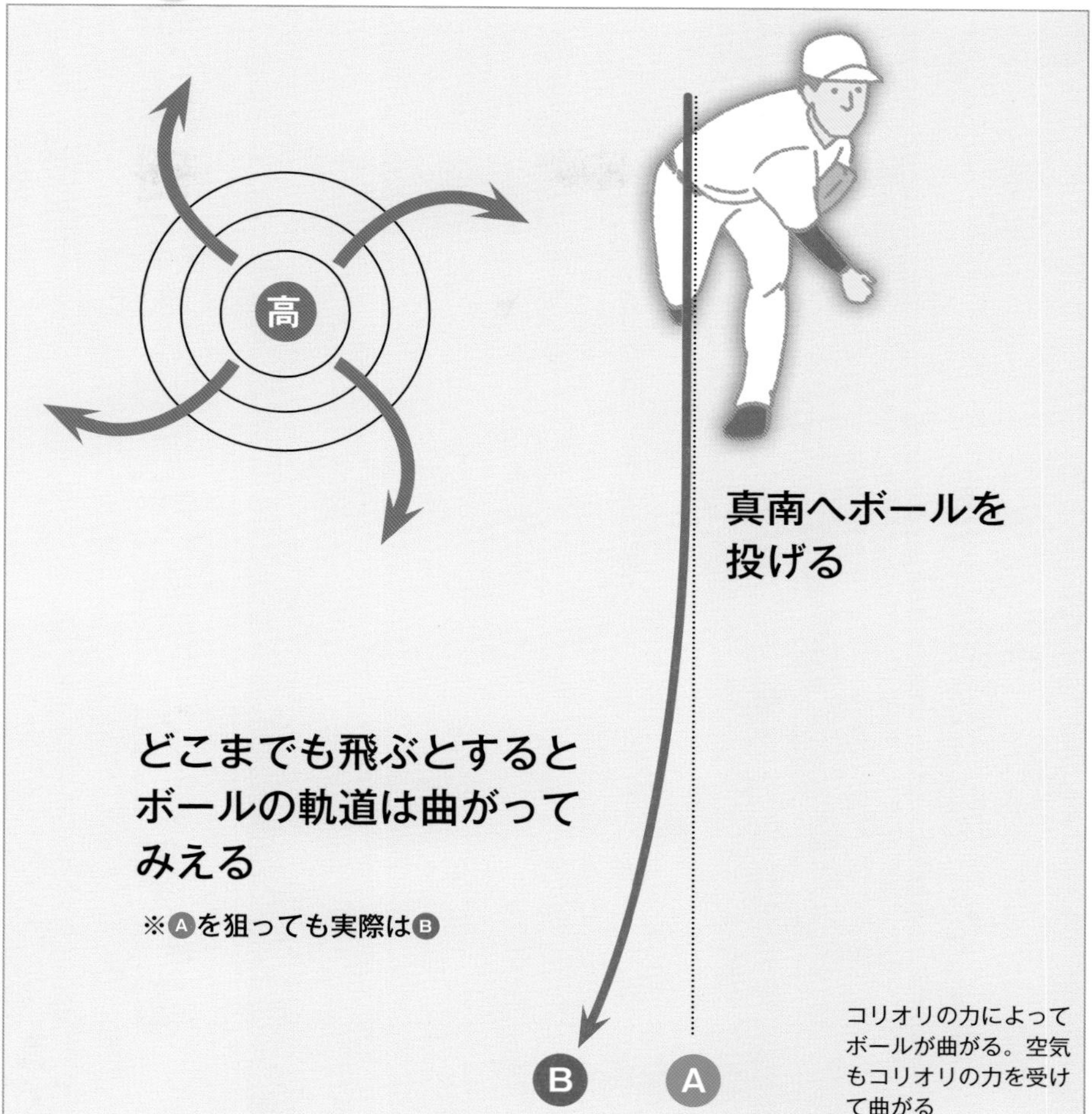

高
真南へボールを投げる
どこまでも飛ぶとするとボールの軌道は曲がってみえる
※Ⓐを狙っても実際はⒷ
B
A

コリオリの力によってボールが曲がる。空気もコリオリの力を受けて曲がる

圧に向けて空気が流れている。この空気は、ボールと同じように地球の自転の力によって右へと曲がる。**高気圧の中心から時計回りに風が吹き出し、低気圧の中心に向かい反時計回りに空気が吹き込む。このような見せかけの力をコリオリの力という。**

身近なもので簡単に確認できる。洗面所の排水溝に栓をして水をためる。ある程度ためてから栓を抜くと、必ず反時計回りの渦を巻きながら排水されていく。ちなみに南半球では渦は逆回転になる。

ココに注目！ ガスパール＝ギュスターヴ・コリオリ

フランスの物理学者・数学者・天文学者。エッフェル塔に名を刻まれた72人の科学者の一人。コリオリの力は彼の名にちなむ。コリオリの力は大気だけではなく、海流、さらには大砲・ロケットの軌道にも影響を与える。

高気圧では下降気流が発生している

高気圧では時計回りに空気が流れる

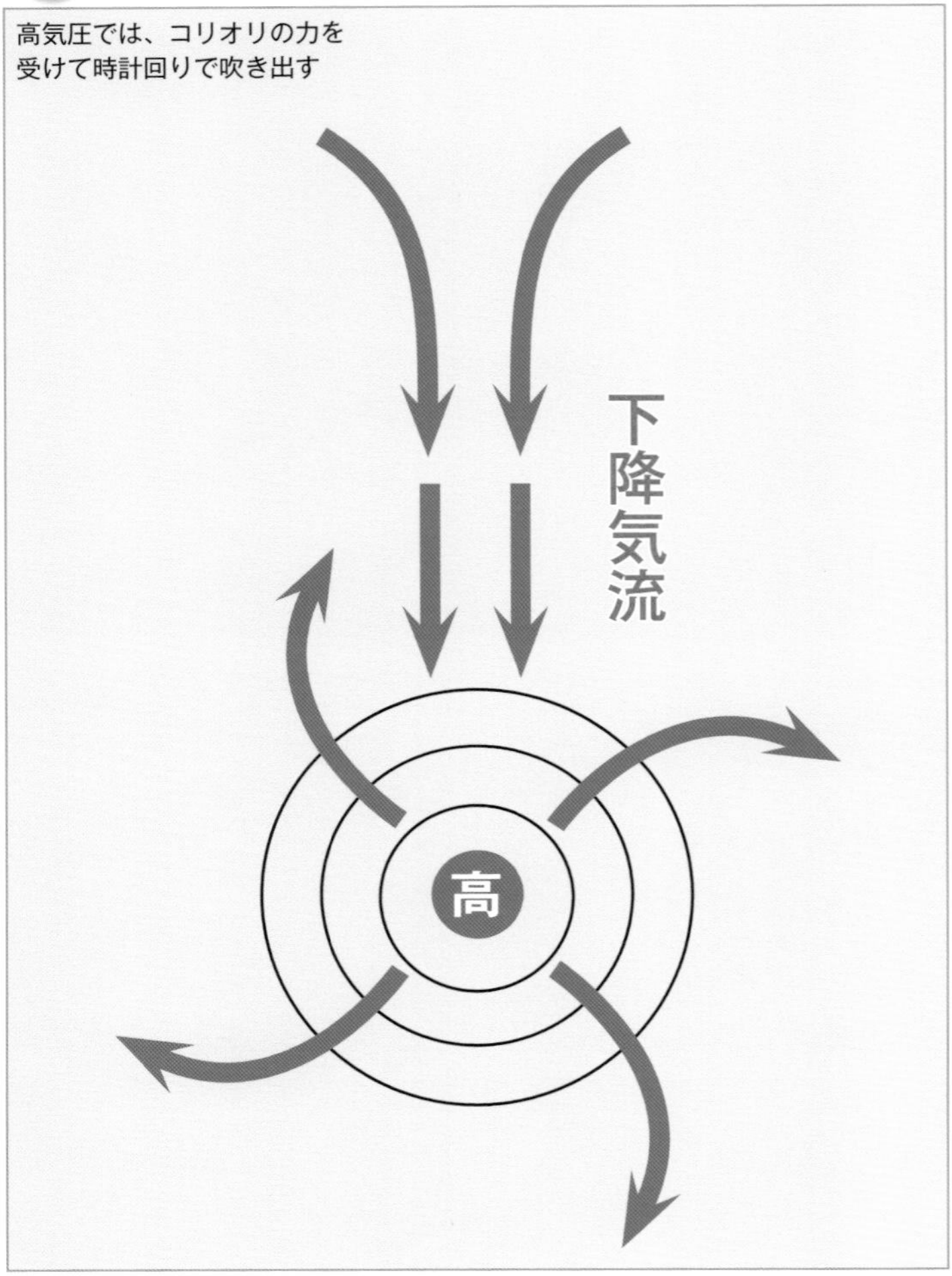

高気圧では、コリオリの力を
受けて時計回りで吹き出す

比較的天気は良く穏やかな風が吹く

高気圧から低気圧へと大気が流れるが、空気は何もないところから生まれることはないので、どこからか空気を引き寄せなければならない。それは上からだ。

上空にある空気が、下降する。それが地面にぶつかり、周囲に広がって流れていく。**高気圧を垂直面で見ると、上から下に向かう下降気流が発生している。**

空気塊が、気圧の低い上空から、気圧の高い地表に向けて下降すると、気圧の力によって収縮する。収縮して体積が小さくなると熱エネルギーに変換される。このため、飽和水蒸気量が高くなる。このため高気圧のあるところでは雲はできにくい。

Point 地面にぶつかって広がる

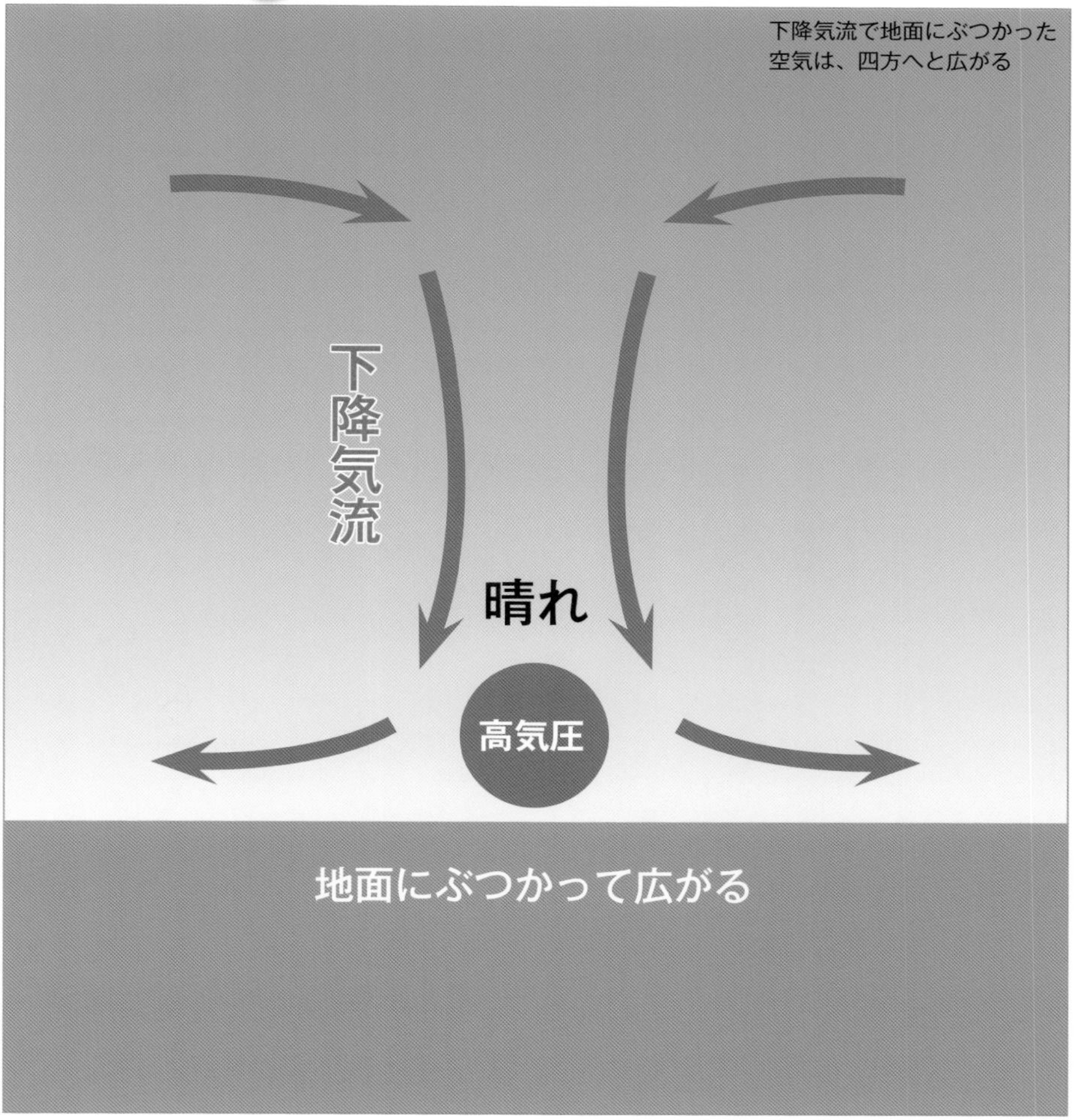
下降気流で地面にぶつかった
空気は、四方へと広がる
下降気流
晴れ
高気圧
地面にぶつかって広がる

ココに注目! 高気圧とは?

周囲より気圧が高い所と定義されている。相対的なもので、中心気圧が1気圧(1013hPa)より低い高気圧もあれば、高い高気圧も存在する。一般的には晴天をもたらすが、雷雨性高気圧は積乱雲の下に形成される。

また、低気圧と比べると等圧線の間隔が広く、風も穏やかなことが多い。春や秋の穏やかな晴れの日をイメージするとわかりやすい。

高気圧の中には、気団と呼ばれる大きなものもある(P58気団とは)。気団では等圧線のへりに沿って穏やかな風が吹く。波は風によって生じるため(P50波ができる要因)、小笠原気団が勢力を強める夏は、太平洋で大きく一定の波が発生しやすい。

低気圧では上昇気流が発生している

Point 低気圧では反時計回りに空気が流れる

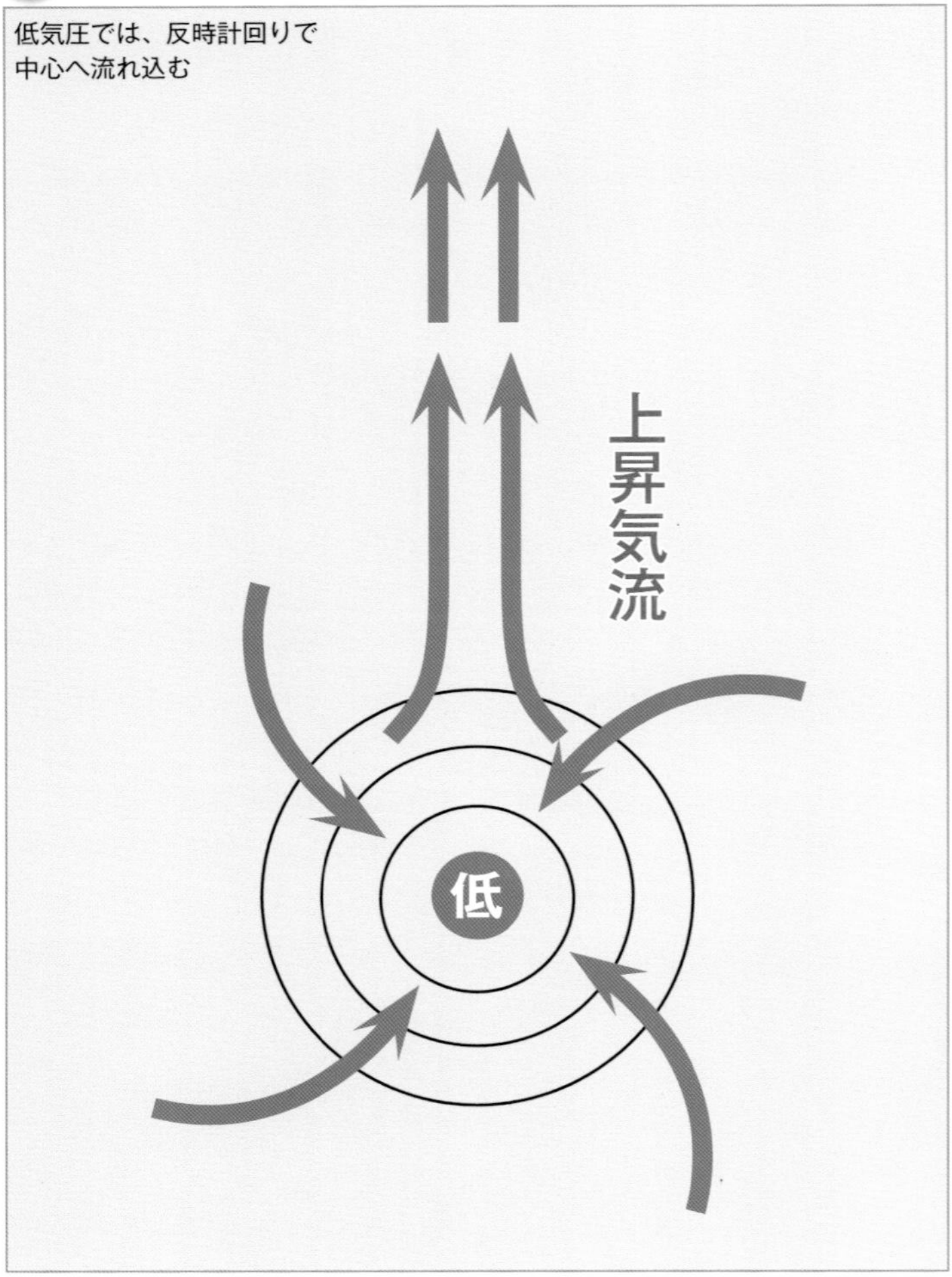
低気圧では、反時計回りで
中心へ流れ込む
上昇気流
低

低気圧では雲ができ天気は悪くなる

高気圧から低気圧へと空気が流れてくる。集まった空気は低気圧の中心でぶつかる。行き場のなくなった空気は上昇する。こうして低気圧では上昇気流が生じる。

上空は気圧が低い。このため空気が上空へ流れると膨張する。膨張には熱エネルギーが使用されるため、温度が徐々に下がっていく。**温度が下がると、飽和水蒸気量が低くなるため、水蒸気は凝結して雲粒となる。こうして低気圧では雲が発達する。**雲粒が大きく成長すると、雨粒となり落ちる。これが雨である。

低気圧があるところでは天気が悪くなる。それはこの一連の

Point 上空で四方へ広がる

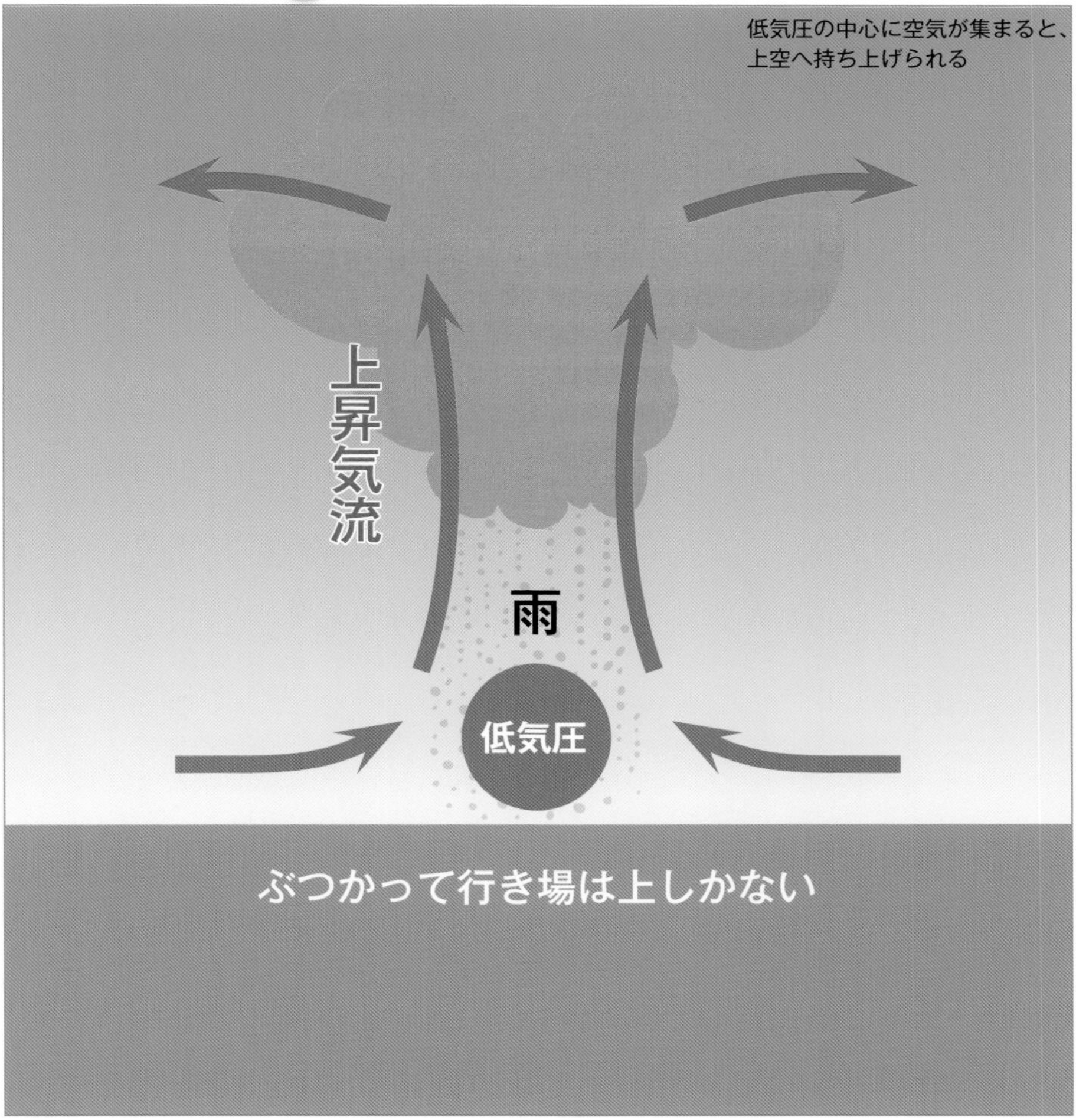
低気圧の中心に空気が集まると、
上空へ持ち上げられる
上昇気流
雨
低気圧
ぶつかって行き場は上しかない

因果関係で説明できる。

熱帯低気圧が発達して台風として日本へ

また低気圧の等圧線が密接しているところでは、気圧の差が大きくなるため風が強く吹く。赤道付近で発生した熱帯低気圧が、発達すると台風になる。日本では台風は秋という印象があるが、これは小笠原気団の勢力が弱くなって、日本列島に近づきやすくなるためだ。

ココに注目！ 低気圧

周囲より気圧が低い所と定義されている。相対的なもので、中心気圧が1気圧（1013hPa）より高い低気圧も珍しくない。成因などに温帯低気圧、熱帯低気圧、寒冷低気圧、熱的低気圧、地形性低気圧、極低気圧などがある。

積雲

通称「わた雲」「入道雲」。１年中発生し、晴れた日に発生する最もポピュラーな雲。小さな積雲はまだふさふさした感じだが、大きな積雲は丘や塔などのような形になる。発達すると「積乱雲」になる

巻積雲

低気圧や前線が接近しているときに見られて、天気は下降線。うろこ雲とかいわし雲と呼ばれる

高積雲

巻積雲と似ているが、より高い所にできる。巻積雲よりも陰影が濃くなる

層積雲

下層の雲の代表的なもの。広い範囲にわたって空一面に水平的に広がり、ところどころ盛り上がっている。色は、白または灰色で、部分的に陰影がある。別名「うね雲」「くもり雲」。乱層雲になることもある

高層雲

どこに雲が生じているのか判断しにくく空一面に薄く広がる。太陽がおぼろに見える程度まで厚くなることもある

彩雲

光の屈折で虹色に輝いて見える美しい雲。昔からこれを見られると縁起がいいと言われている

冷たい空気が温かい空気を押す

Point 冷たい空気が温かい空気に向かって押す

温かい空気は密度が小さくて軽く、冷たい空気は密度が大きくて重い。そのため、冷たい空気が温かい空気の下に潜り込むように移動する

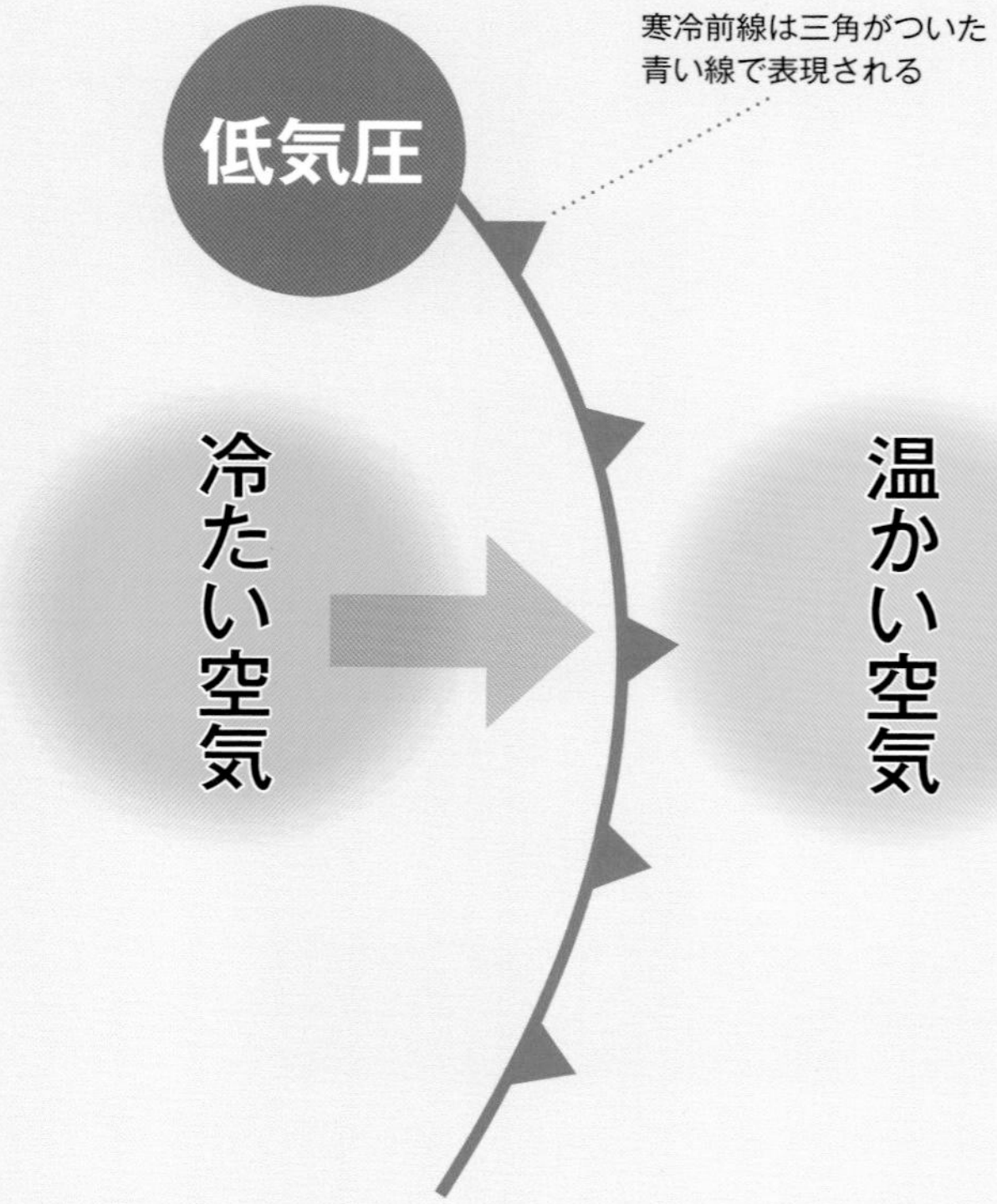
寒冷前線は三角がついた青い線で表現される
低気圧
冷たい空気
温かい空気

暖気が押し上げられ雨雲が発達しやすい

温度や湿度などが違う空気がぶつかったものを前線という。前線には4種類あり、冷たい空気が温かい空気を押すことによって生じるものを、寒冷前線と呼ぶ。

温かい空気は密度が小さくて軽く、冷たい空気は密度が大きくて重い。このため温かい空気と冷たい空気の層があると、温かい方が上へ、冷たい方は下に移動する。冬に暖房で部屋を暖めると、天井付近が先に温まり、足元が冷たいのはこのためだ。

寒冷前線では、温かい空気が元からあり、そこに冷たい空気がぶつかる。すると冷たい空気は温かい空気の下に潜り込もう

Point 冷たい空気が下にもぐる

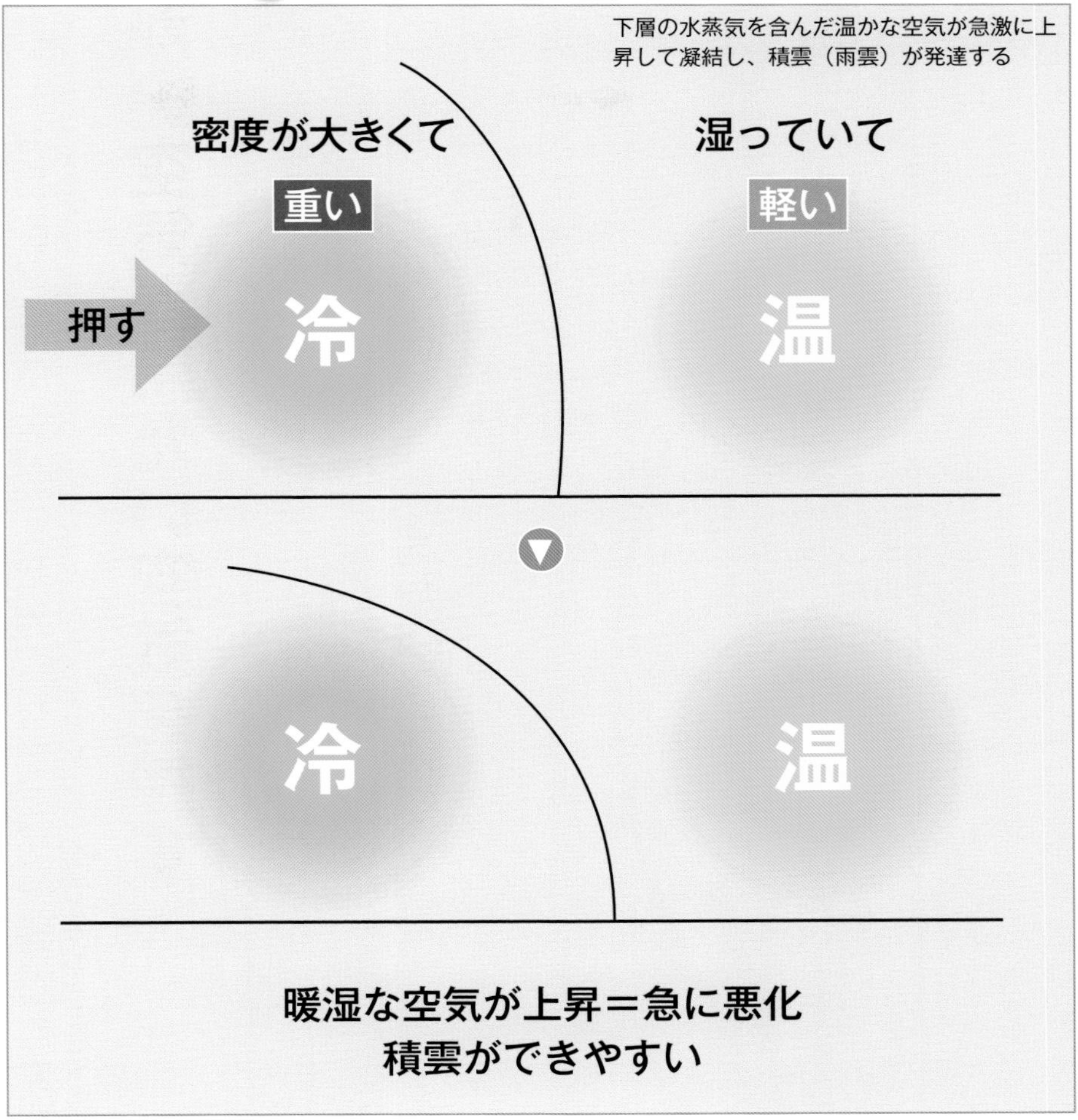

とする。このとき寒冷前線は移動速度が比較的速いため、温かい空気は急激に上に持ち上げられる。つまり寒気と暖気の境界面の傾斜は急になる。

　このとき暖気はたっぷりの水蒸気を含んでいて湿っている。**水蒸気は上空で雲粒になるため寒冷前線では急に雲が発達し、積乱雲や積雲になりやすい。**

　寒冷前線は急に天気が悪くなるものの、通過してしまえばすぐに天気は回復することが多い。

ココに注目！ 前線と前線面

寒暖差がある空気の境目は、傾きながら上空まで続いている。上空にかけての空気の境目が「前線面」で、前線面が地上に接している所が「前線」となる。前線から離れた所でも天気は悪いのは上空に「前線面」があるため。

温かい空気が冷たい空気を押す

Point 冷たい空気があるところへ温かい空気が向かう

密度の大きくて重い冷たい空気があるところへ、密度の小さくて軽い温かい空気が進む。寒冷前線とは反対になる

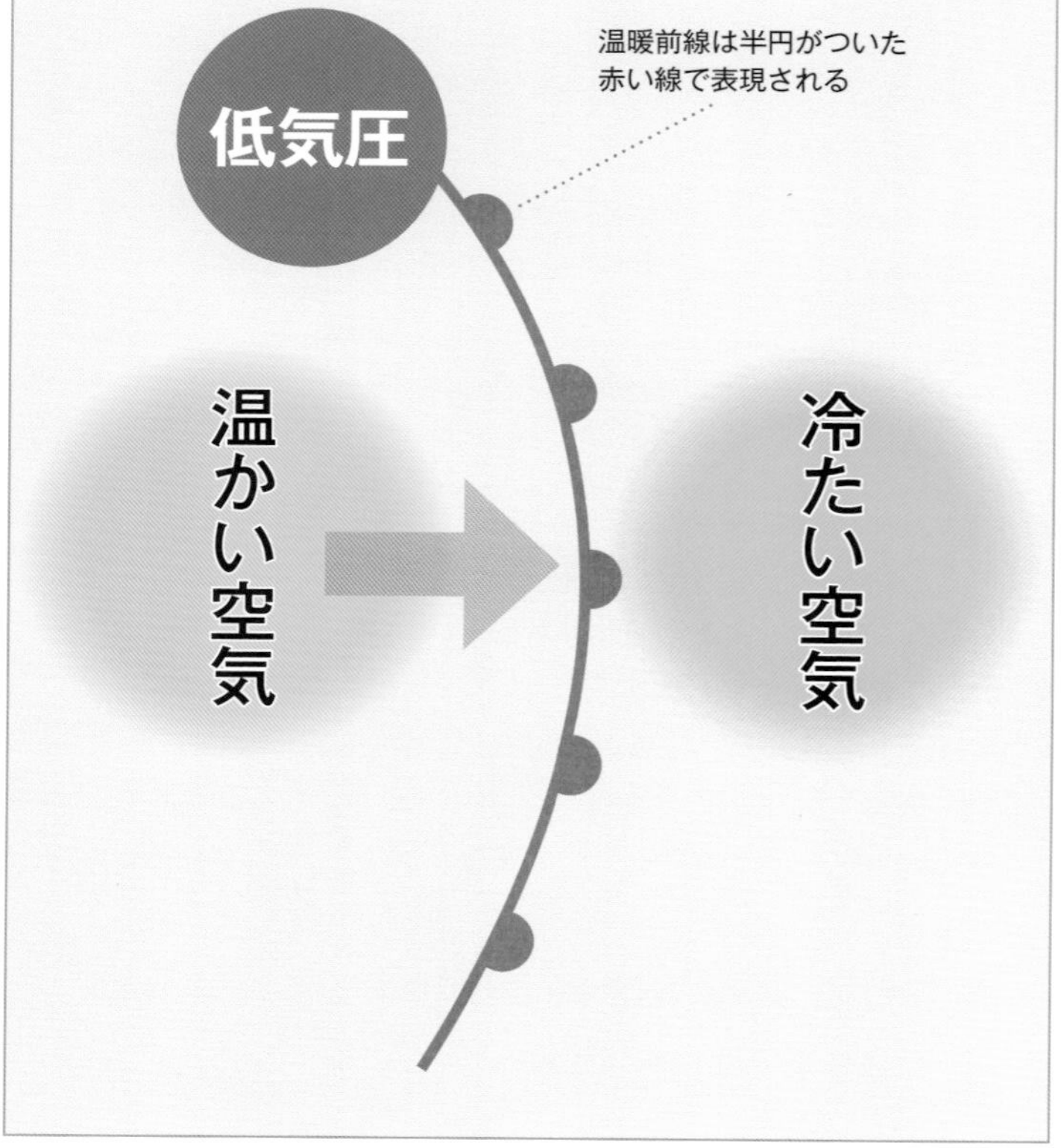
温暖前線は半円がついた赤い線で表現される
低気圧
温かい空気
冷たい空気

層雲ができやすく天気は緩やかに下り坂

4種類ある前線のうちの2つ目は温暖前線だ。温暖前線は暖かい空気が冷たい空気にぶつかったもののこと。温暖前線があるところでは緩やかに天気は悪くなる。

温かい空気は密度が小さくて軽いため上に、冷たい空気は密度が大きくて重いため下に移動する。このため温かい空気が冷たい空気にぶつかると、その接点で境界面を作って、温かい空気が冷たい空気の上を登っていく。このとき温かい空気に含まれる水蒸気がゆっくりと雲粒になる。**温かい空気はゆっくりと移動する特徴があるので、温暖前線では天気は緩やかに下り坂**

Point 温かい空気が前線面を昇る

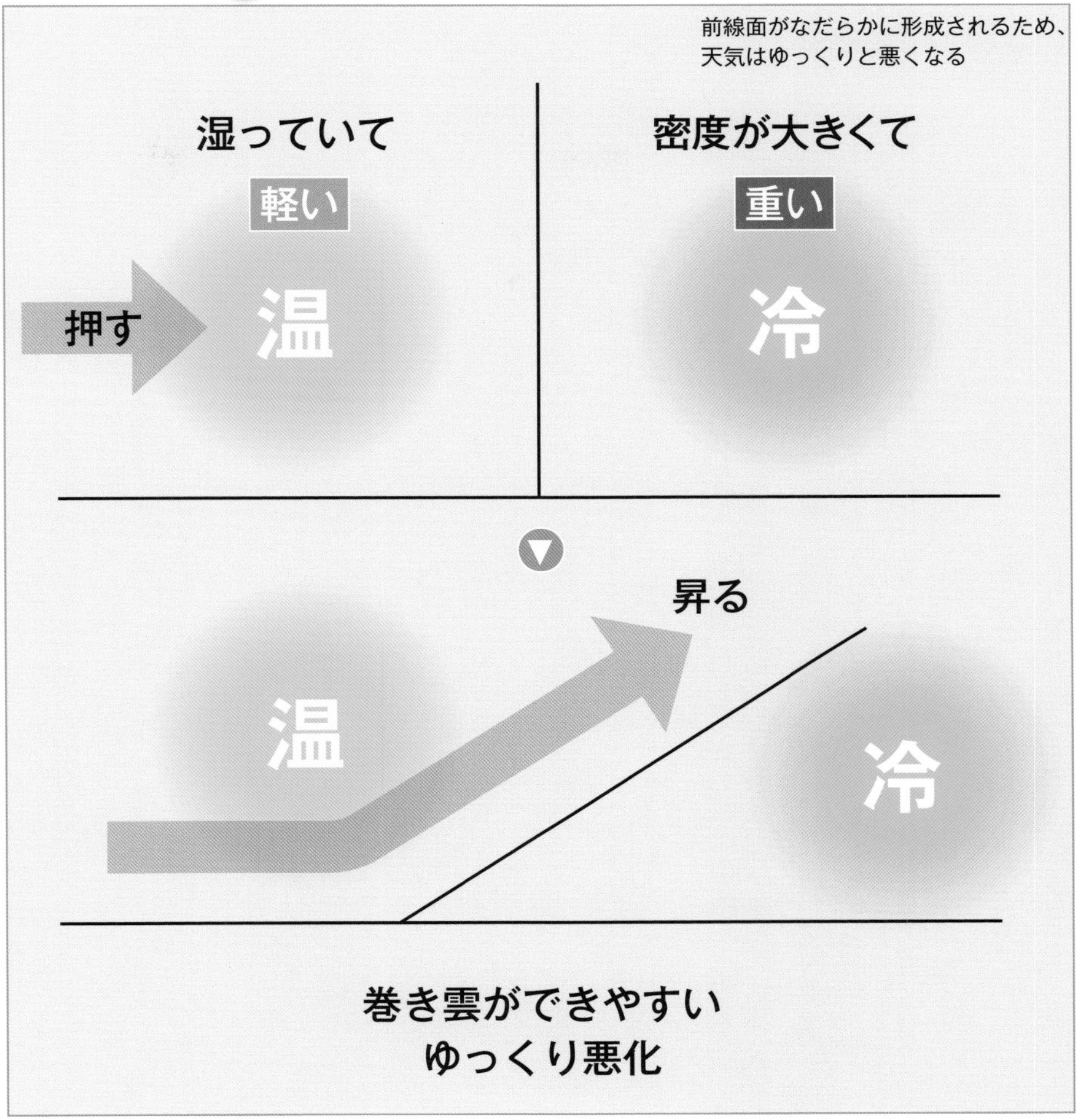

になる傾向がある。

積層雲や高層雲へ発達すると積雲に

温かい空気の移動とは別に、境界面では緩やかな対流が起きているため、乱層雲や高層雲など層状の雲ができやすい。やがてそれがさらに発達していくと積雲になる。

温暖前線は緩やかに天気が悪くなるものの、雲が多い日が長続きする傾向がある。

ココに注目！ 密度

密度とは、単位体積あたりの質量をいう。1立方センチメートルあたりのグラムで表されることが多い。水の密度は約1で、金は19.3。物体に熱を加えると、質量は変わらないままで膨張するので、密度は小さくなる。

梅雨前線や秋雨前線は日本の停滞前線

Point 性質の違う空気が停滞する

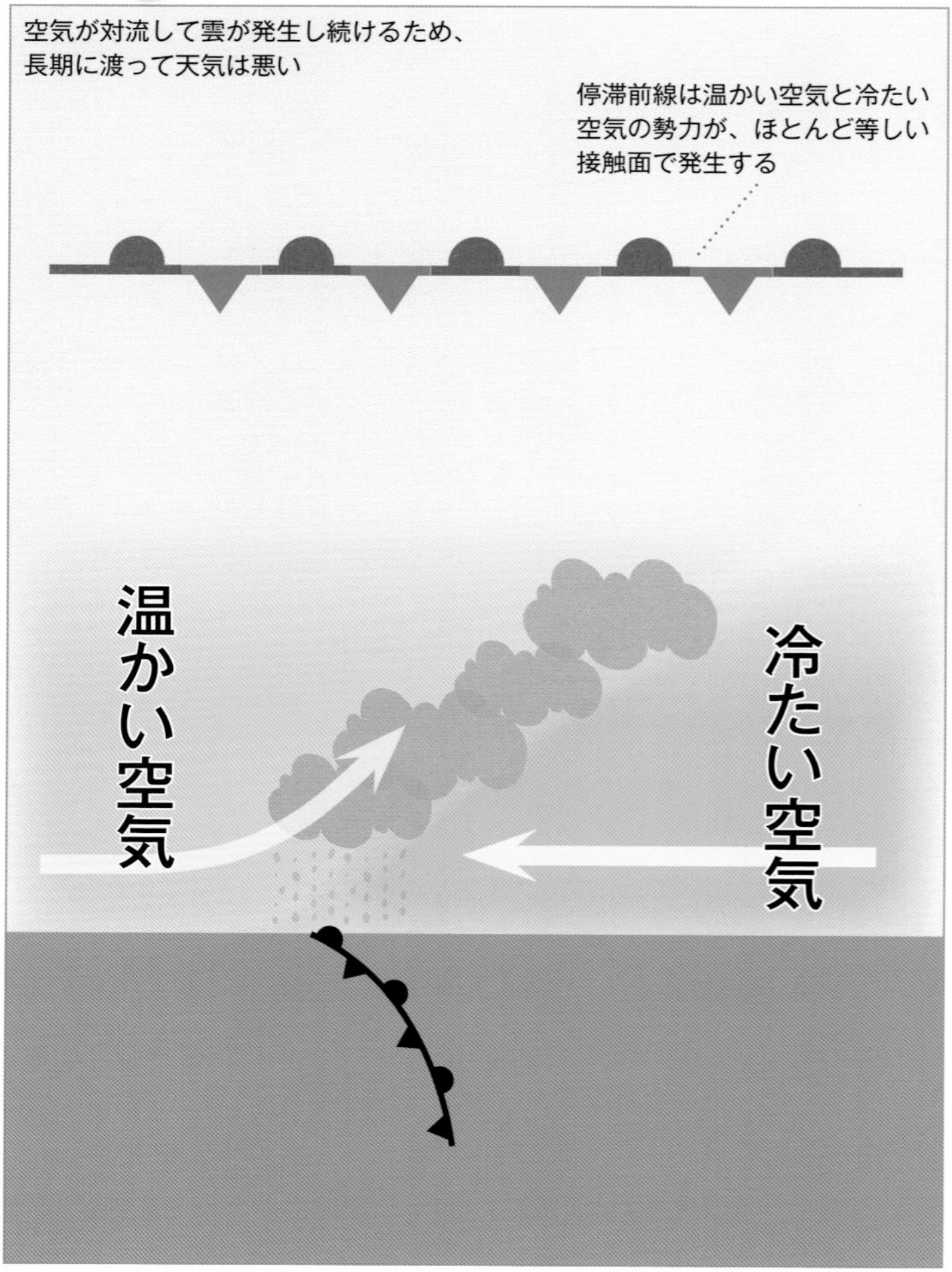
空気が対流して雲が発生し続けるため、長期に渡って天気は悪い
停滞前線は温かい空気と冷たい空気の勢力が、ほとんど等しい接触面で発生する
温かい空気
冷たい空気

寒暖がせめぎあって動かない前線を作る

温かい空気の層と冷たい空気の層が接触したまま、移動しない前線を停滞前線という。**停滞前線付近では空気の対流が起きて、低気圧が発達しやすく、移動もしないまま長期間に渡って天気が悪くなる。**

日本には初夏に梅雨前線、秋に秋雨前線ができる。どちらも長雨を降らせる。これは北の冷たいオホーツク海気団と南の暖かい小笠原気団のせめぎ合いによる停滞前線だ。

冬の間はシベリア気団が勢力を強め、小笠原気団の勢力は弱い。それが初夏になると小笠原気団の勢力が強くなって、日本列島を横断するように梅雨前線

Point ひしめき合った状態が続く

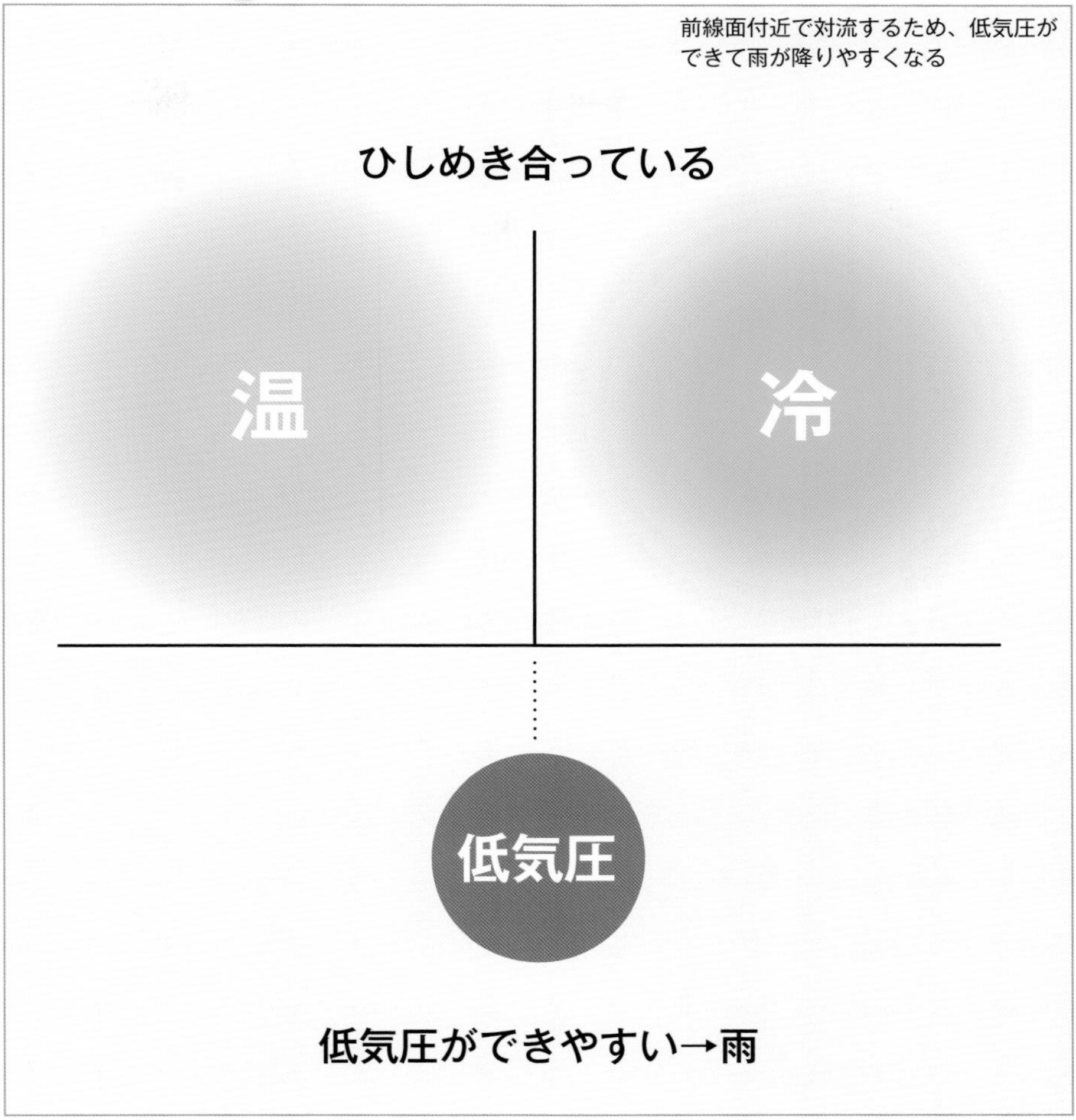

前線面付近で対流するため、低気圧ができて雨が降りやすくなる

ができる。

夏は小笠原気団が日本列島を覆っている。秋になるとその勢力が弱まり、小笠原気団が南下する。これによってできるのが秋雨前線だ。

梅雨入り・梅雨明けは南から順となる。沖縄・奄美では大型連休が終わったころに梅雨入りし、東北北部では6月中旬。一方、梅雨明けは、沖縄・奄美では6月下旬で、東北北部では7月下旬となる。

ココに注目！

梅雨入り・梅雨明け

梅雨が始まることを梅雨入りといい、気象学上は春の終わりであるとともに夏の始まり。梅雨入りが最も早いのが沖縄で5月9日ころ。梅雨明けが最も遅いのは東北北部で7月28日ころ。トータルで梅雨は3ヶ月となる。

周囲との気圧の変化が生じている

Point 高気圧から伸びるのが気圧の尾根

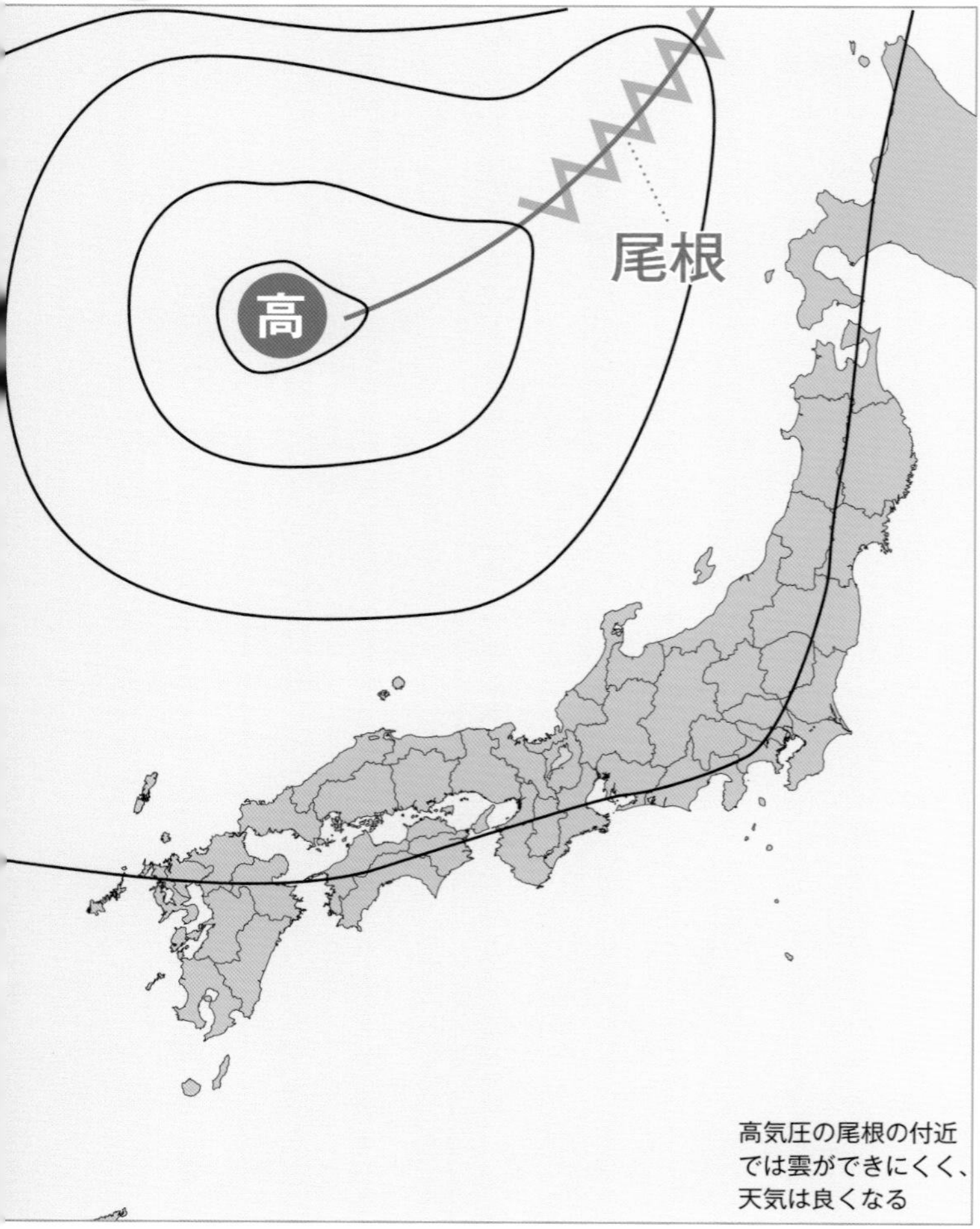

高気圧の尾根の付近では雲ができにくく、天気は良くなる

気圧が高いところが尾根 低いところが谷になる

等高線を見れば地形が読み取れるように、等圧線を見れば気圧配置が読み取れる。等高線で山と山に挟まれた谷や、山の稜線から伸びた尾根が分かる。これと同じように、**等圧線でも気圧が高いところに挟まれている部分を気圧の谷、一部分だけ気圧が高くなっている部分を気圧の尾根**と呼ぶ。

気圧の尾根は高気圧から等圧線が張り出すようになっている部分。周囲よりも気圧が高くなっているため、高気圧と同じように下降気流が生じて、雲が切れて天気は良くなる。

気圧の谷は、低気圧から等圧線が張り出している部分。周囲

Point 低気圧から伸びるのが気圧の谷

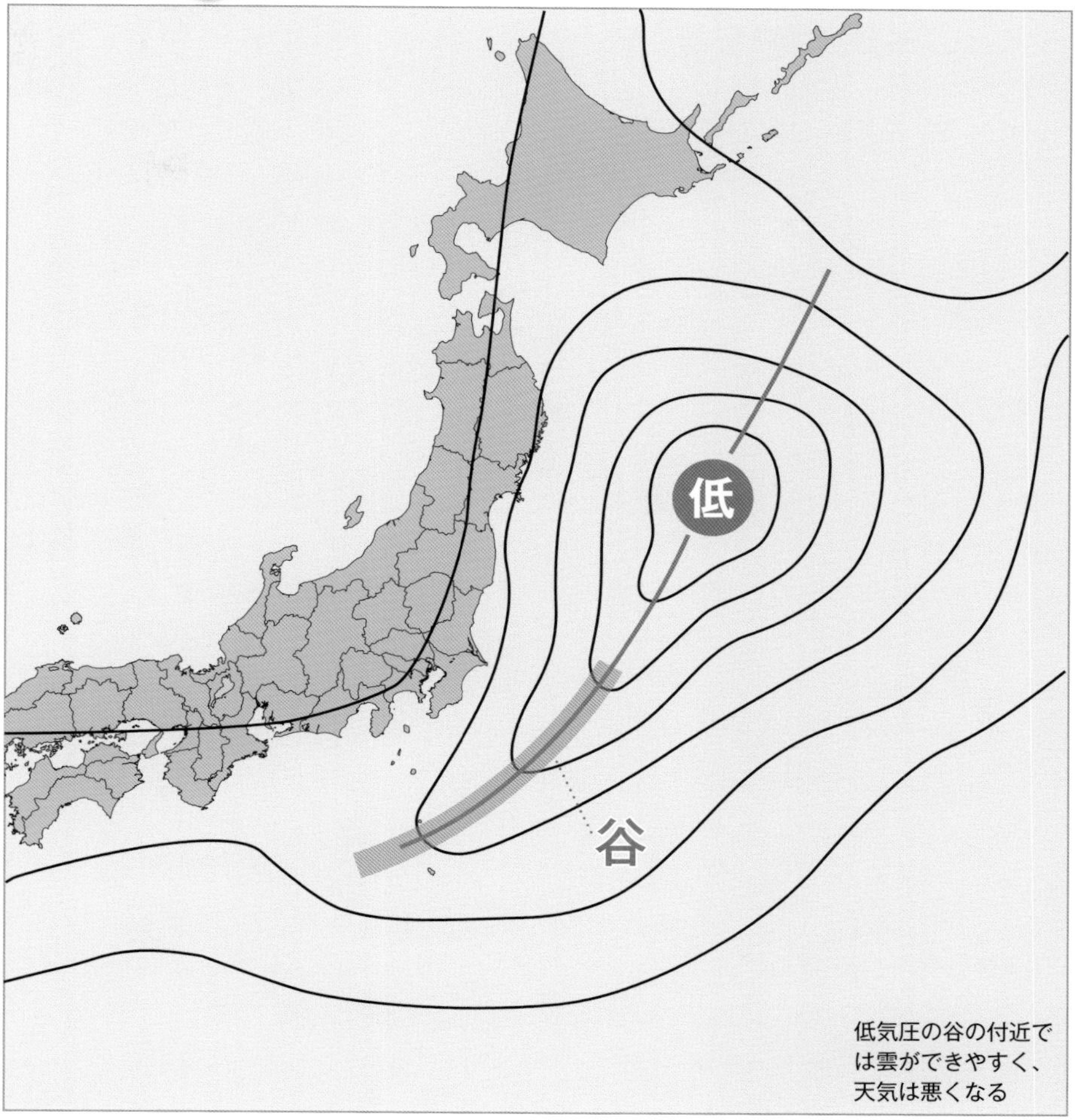

低気圧の谷の付近では雲ができやすく、天気は悪くなる

よりも気圧が低くなっているため、上昇気流が生じて雲ができやすく、天気は悪くなる。

等圧線が閉じて円になっていると高気圧、低気圧で、等圧線が閉じていないと「尾根」「谷」である。「尾根」は「高圧部、リッジ」、「谷」は「低圧部、トラフ」も呼ばれ、呼称が違っていても気象的な性質は同じ。また何hPa以上とか、以下という決まりがあるわけではなく「尾根」と「谷」は相対的なものだ。

ココに注目！ 等圧線

地上天気図で同じ気圧の地点を結んだ線。通常1000hPaを基準に20hPa間隔で太い実線が描かれ、４hPaごとに細い実線が描かれる。前線をはさむ場合を除いて急激にカーブすることはなく、交差することもない。

高気圧・低気圧、気圧の尾根・谷、前線を見つける

Point 前線や高気圧に注目しよう

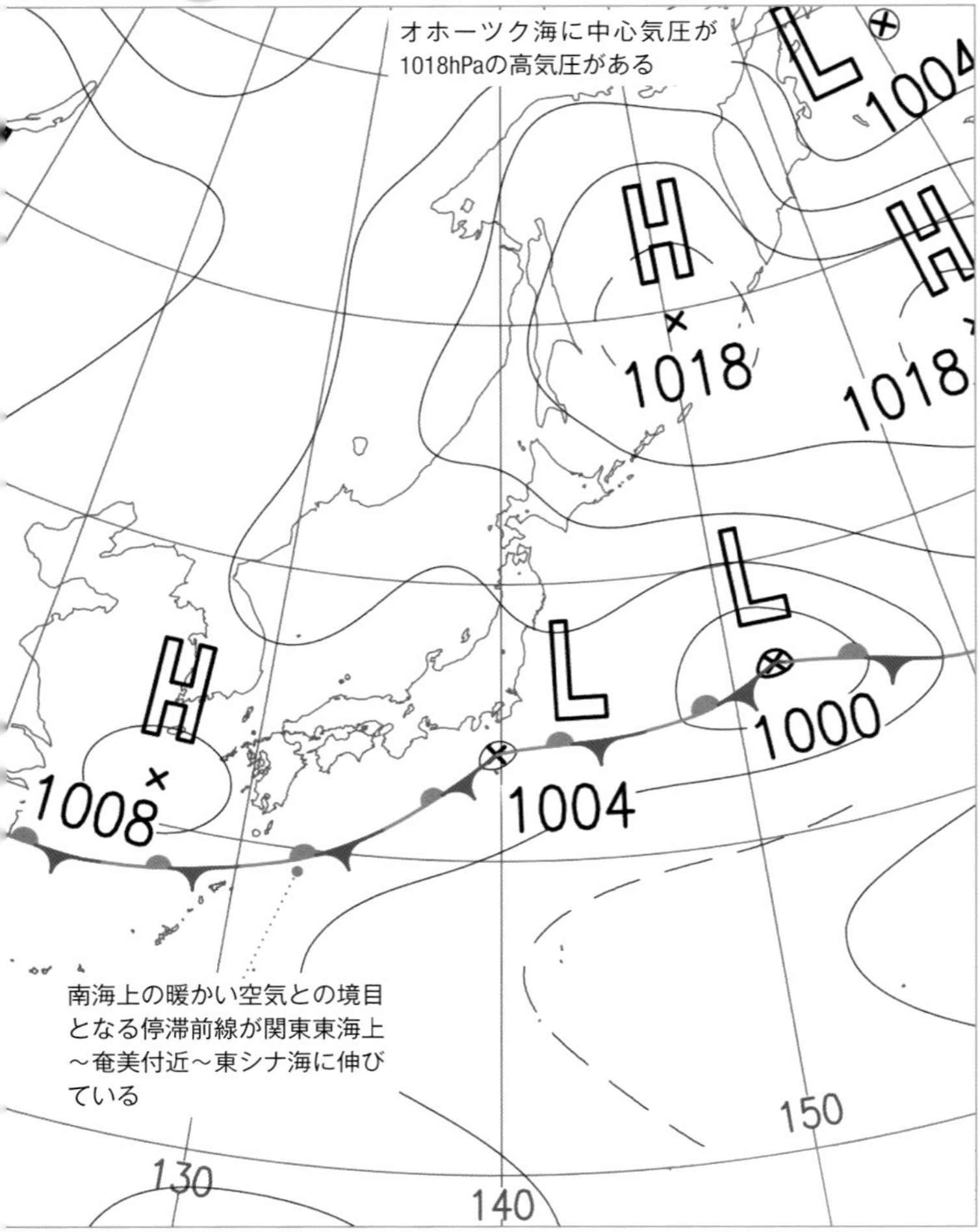
オホーツク海に中心気圧が
1018hPaの高気圧がある
1004
1018
1018
1000
1004
1008
南海上の暖かい空気との境目
となる停滞前線が関東東海上
～奄美付近～東シナ海に伸び
ている
150
130
140

※気象庁ホームページより

停滞前線とオホーツク海高気圧

まず目に付くのは、日本の南海上の停滞前線だ。この**停滞前線に近い伊豆諸島や沖縄・奄美では天気が良くないことが想像できる**。特に、伊豆諸島付近の前線上には低気圧があり、大雨となる可能性がある。

次に目が付くのは「オホーツク海高気圧」。普通、高気圧に覆われていると晴れるが、オホーツク海高気圧からは吹き出す風は冷たく湿っている。このため、北・東日本の太平洋側では、曇りとなる所が多いことが予想できる。

一方、移動性高気圧に覆われつつある九州では晴天が予想される。

Point 気圧の谷を見つけよう

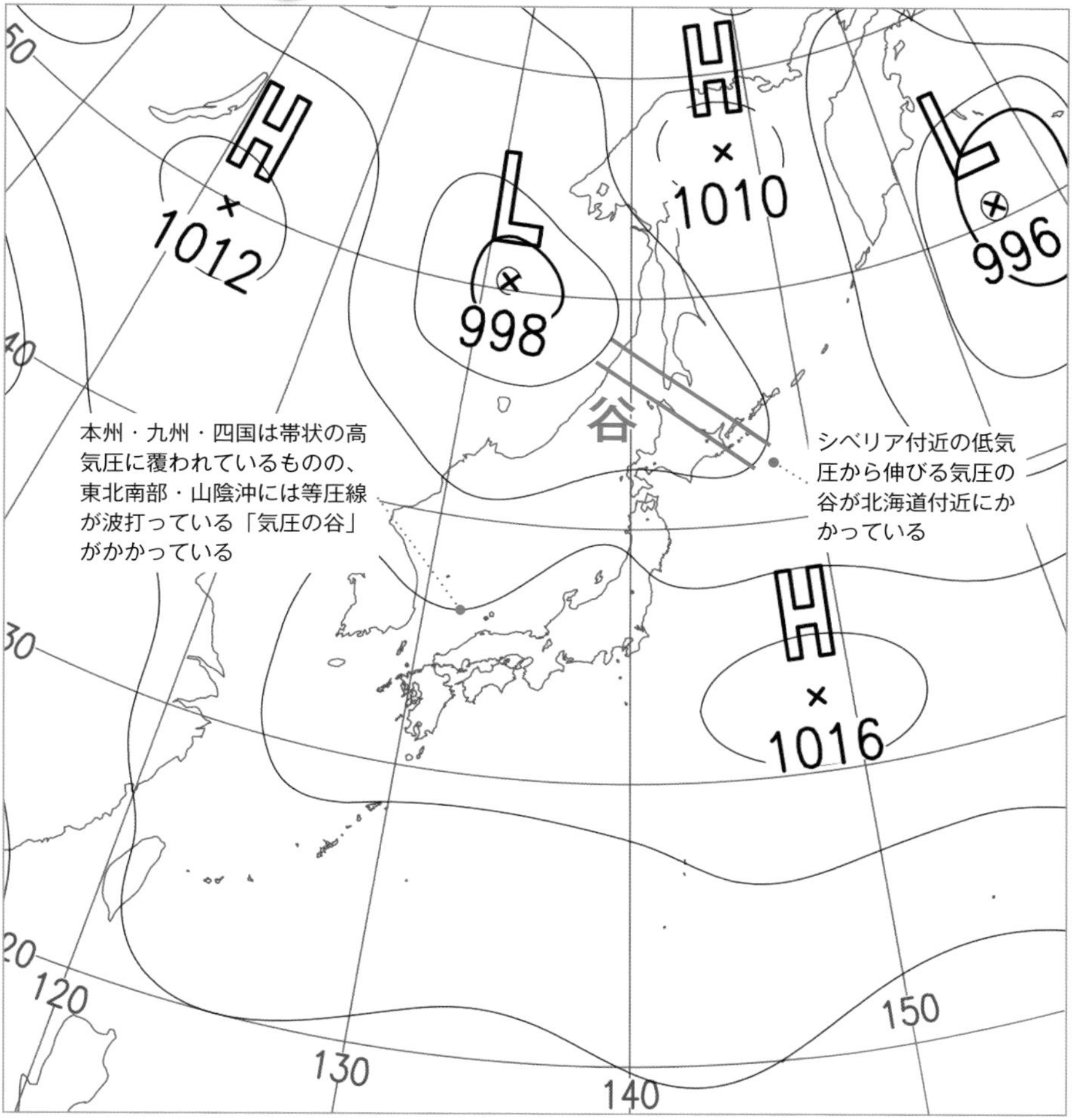
H
1012
L
998
H
1010
L
996
H
1016
谷
本州・九州・四国は帯状の高気圧に覆われているものの、東北南部・山陰沖には等圧線が波打っている「気圧の谷」がかかっている
シベリア付近の低気圧から伸びる気圧の谷が北海道付近にかかっている
50
40
30
20
120
130
140
150

※気象庁ホームページより

帯状の高気圧と気圧の谷

北日本は、大陸からサハリン付近に向けて進む低気圧の影響を受けて、天気は下り坂となる。一方、東・西日本は広く帯状の高気圧に覆われており、晴天となる所が多いだろう。

ただし、**東北南部・山陰付近には、等圧線が波打っている「気圧の谷」が見受けられる。大きな天気の崩れはないものの、**雲が広がる可能性がある。

ココに注目!

頭だけではなく手も使う!

天気図には多くの情報が載っている。ぱっと見ただけではわからないので、注目して探さなければならない。また、わかったこと・見つけたことは天気図に書き込んでいこう。手を動かすことで、わかること・見つけられることがある。

COLUMN

雷の基礎知識①

落雷の3要素

マリンスポーツには様々な危険がある。強風と、それが引き起こす高波はもちろんだが、落雷もとても危険な気象現象である。マリンスポーツを楽しむためにも、雷について知識を深めておきたい。

雷は「高い所、高い物、高く突き出た物」に落ちやすい。真っ先に思い浮かぶのが、釣り竿だ。高い建造物が少ない浜辺では３要素すべてを満たす格好の標的になってしまう。とにかく雷鳴が聞こえたらすぐに納竿すること。

釣り竿と同様に条件を満たすのが傘。雷雨の中、浜辺や海上で傘をさすのは危険だ。街中では気にしないだけに注意なければならない。

また誤解されているのが「ゴム長靴は絶縁体だから安全」というもの。雷の電圧は１～10億ボルトもあるので、長靴くらいの絶縁体は簡単に通してしまう。

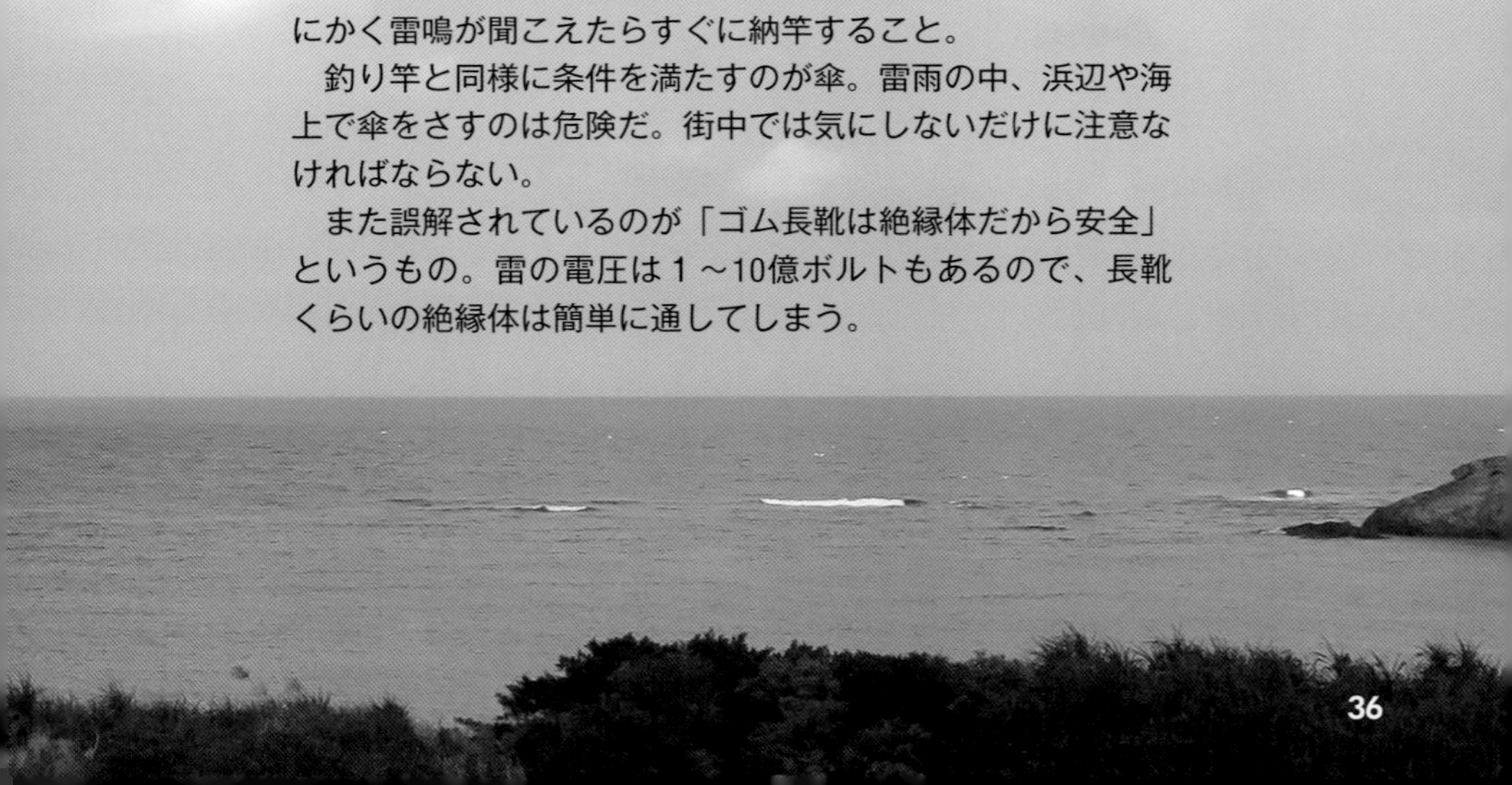

2章

風と波の知識

「海象」の代表的なものが「波」だ。この「波」は「風」によって発生する。
多くのマリンスポーツは「風」と「波」の影響を受ける。
ヨットやウィンドサーフィンは「風」、サーフィンは「波」がないとできない。
一方、「風」や「波」が強いと釣りやカヌーは危険となる。
「風」を知り、「波」を知ることが、海の天気がわかるといっても過言ではない。

水蒸気を含んでいて、真っすぐ長く吹く

Point 天気図から見る風の方向

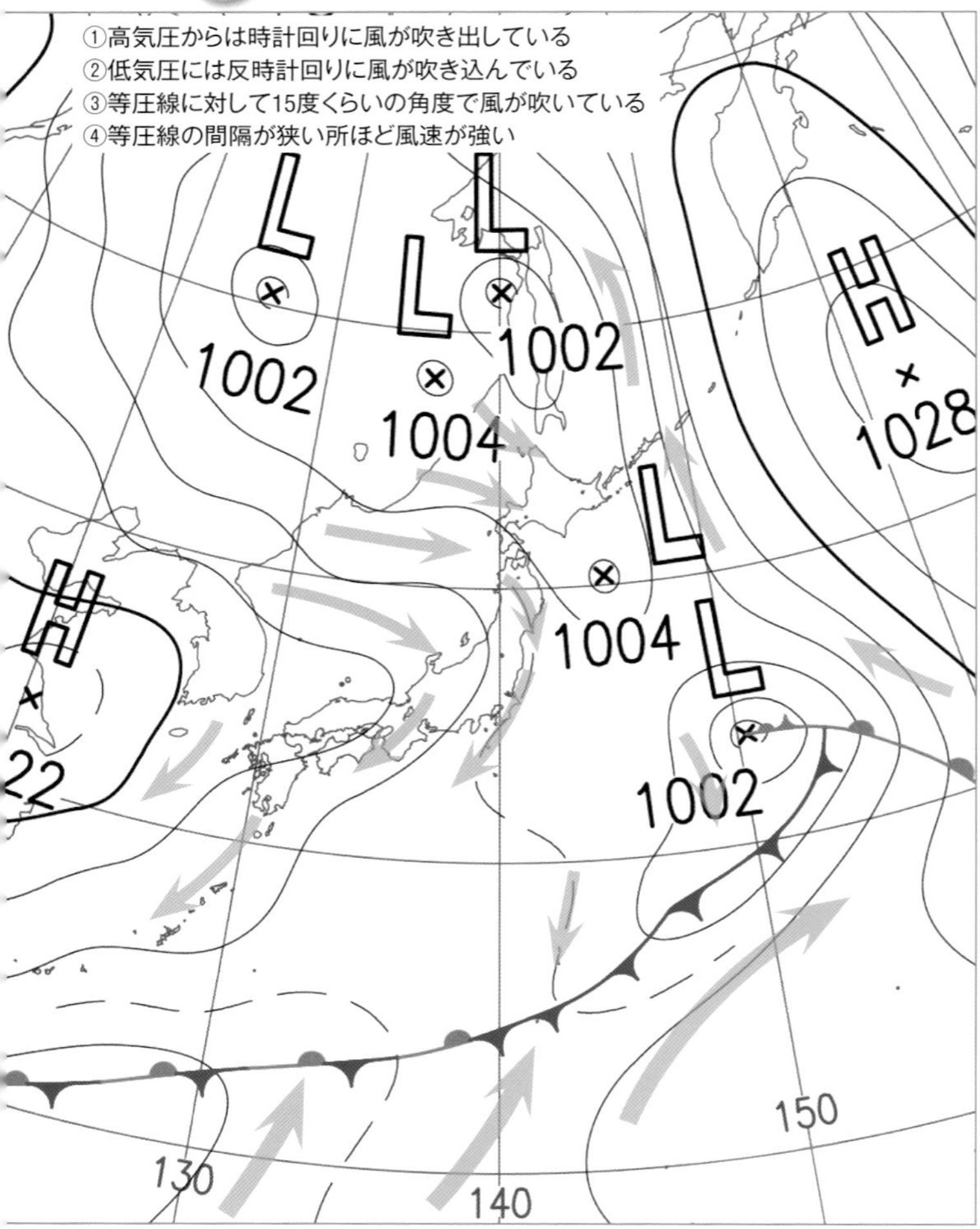
①高気圧からは時計回りに風が吹き出している
②低気圧には反時計回りに風が吹き込んでいる
③等圧線に対して15度くらいの角度で風が吹いている
④等圧線の間隔が狭い所ほど風速が強い
L
L
L
1002
1004
1002
H
1028
L
1004
L
1002
H
22
130
140
150

※気象庁ホームページより

地形などの影響を受けずに風速は高め

海上の風は、陸上のように地形の影響を受けない。このため、**風は一定の強さで真っすぐに長く吹く傾向がある**。このような海上の風が波を起こす。

赤道の近くの熱帯の海上では、暖められた海水が蒸発するため、空気中に多くの水蒸気を含んでいる。これが上昇気流を起こし熱帯低気圧となって、強風や激しい雨を降らす原因となる。

気団から吹く風が波を起こす要因になる

上昇した空気はやがて地上に降りてくる。例えば太平洋上で降りてきたものは、小笠原気団と呼ばれる大きな高気圧を作る。

地形が複雑な場所では複雑な風が吹く

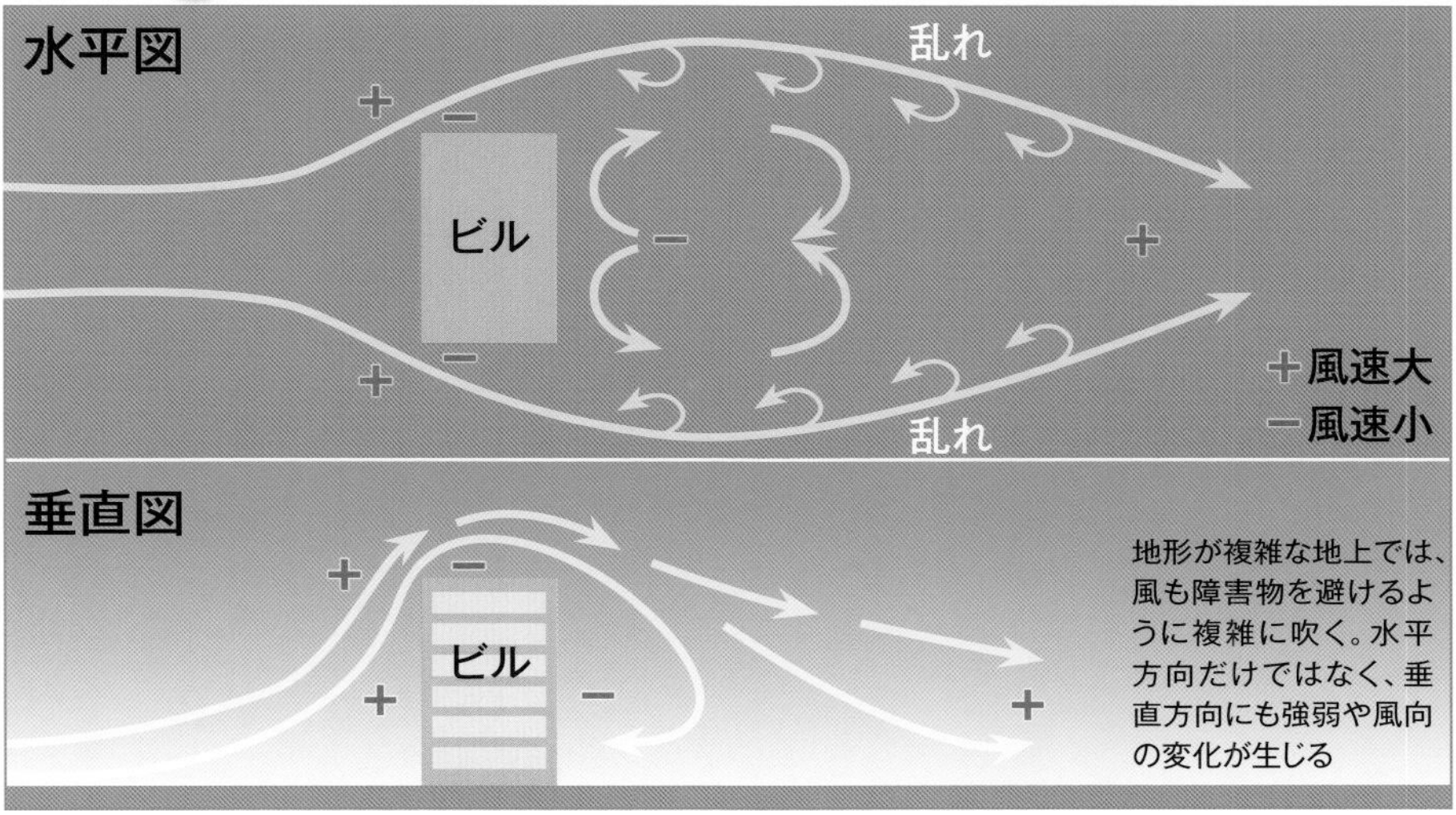

地形が複雑な地上では、風も障害物を避けるように複雑に吹く。水平方向だけではなく、垂直方向にも強弱や風向の変化が生じる

高気圧では下降気流となり、コリオリの力を受けて渦を巻きながら穏やかで長く吹く風を作り出す。

小笠原気団のような大きな高気圧の風は、ヘリに沿って穏やかに長距離に渡って吹く。

日本の南の海上では、小笠原気団の西側のヘリを沿って吹く北向きの風によって、太平洋側に打ち寄せる波を作り出している。

ココに注目！ 指向流

指向流とは、その周辺の大規模な大気の流れのこと。北西太平洋域では，赤道近くの偏東風や中緯度帯に存在する偏西風や，太平洋高気圧の辺縁での時計回りで吹き出す風などである。この指向流に乗って台風は移動する。

地形や人工物など様々な影響を受ける

Point 陸上の風と天気は関係する

湿った空気が山で雲を作り出し、吹き下ろしの風は乾く

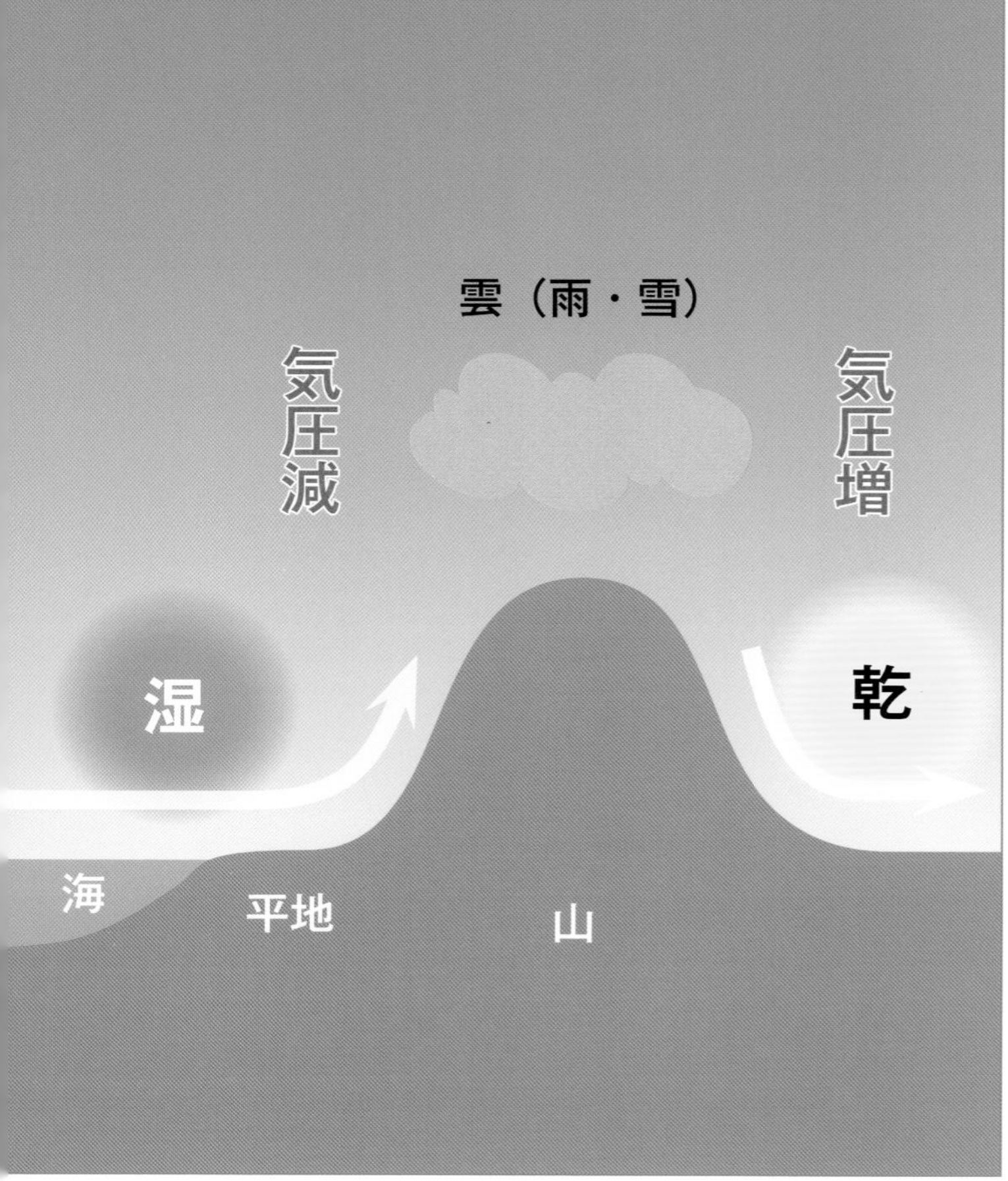

風が天気を左右して急激な気象変化をもたらす

陸上では様々なものの影響を受けて、天気に影響を与える。まず海上で水分をたくさん含んだ風が陸地へ向かって吹き、それが山にぶつかって斜面を登っていく。上空は気圧が低いため、空気塊は膨張して気温が下がって水蒸気は飽和し、雨雲となって雨となる。**梅雨の末期に太平洋からの南風によって、山地に積乱雲が生まれて強い雨となるのはこのためだ。**

逆に冬に日本海側から吹く北風は、本州を縦断する山脈にぶつかって雪を降らせる。山を越えてきた風は、関東地方に降りてくるときは乾燥している。群馬で空っ風と呼ばれる冷たく乾

陸上には防風林など構造物が多い

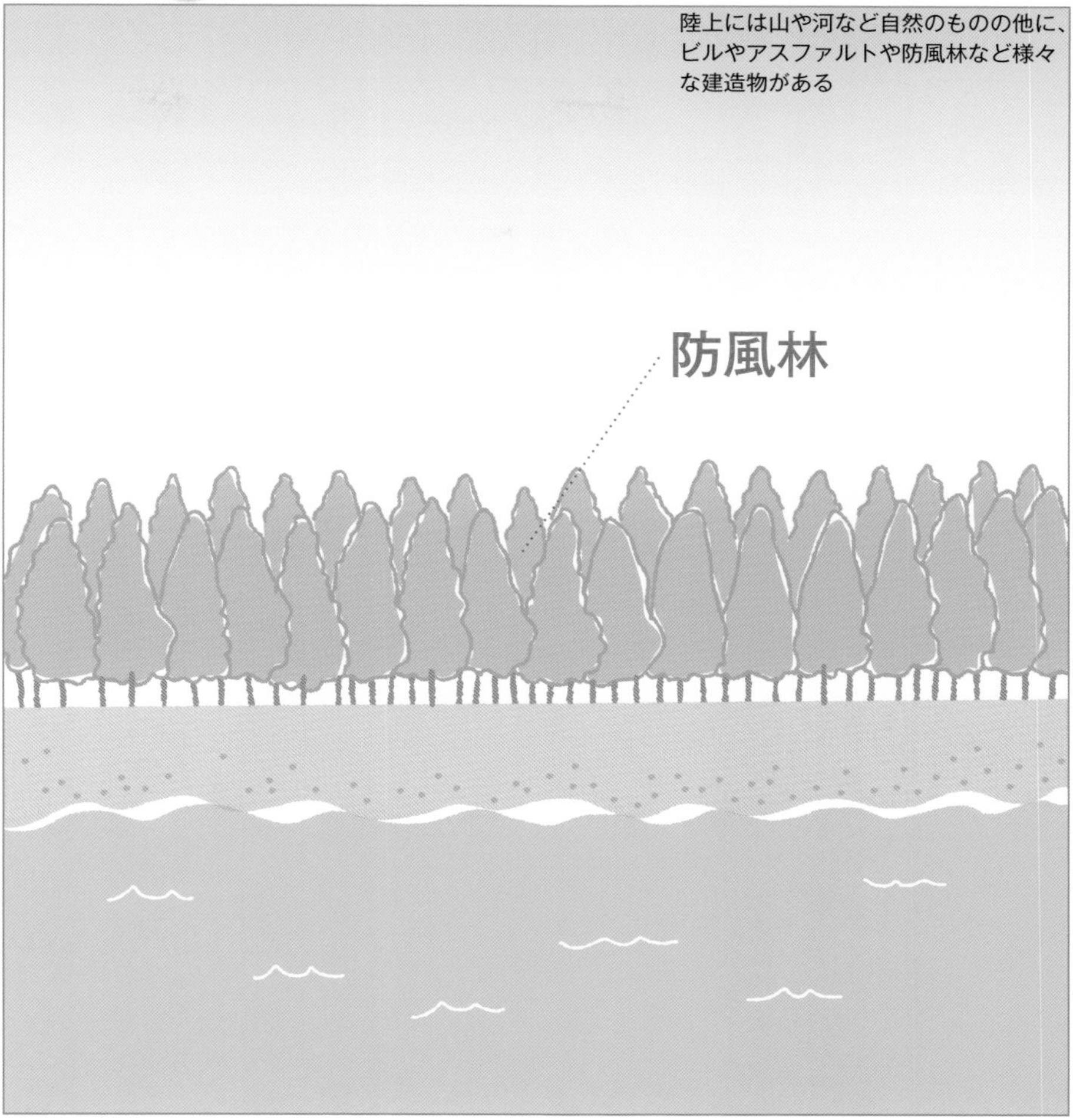

陸上には山や河など自然のものの他に、ビルやアスファルトや防風林など様々な建造物がある

いた風は有名だ。

この雨と風の仕組みは、小さな地形変化でも起こる。冬の中国・四国地方では、鳥取側は雪が降りやすく、岡山側は乾いた風が吹く。これが再び瀬戸内海の水分を含み、四国でも愛媛側に雪を降らせることもある。

街中ではビル風という突風を吹かせたり、**夏に日射によって熱せられたアスファルトに接した空気が昇温して急激な上昇気流が生じて、ゲリラ豪雨と呼ばれる短時間強雨を降らせたりもする。**

ココに注目！ 熱力学第一法則

別名エネルギー保存の法則。熱エネルギーが運動エネルギーになるなど、エネルギーは形態が変化しても総量は一定という法則。空気塊が膨張する際には、熱エネルギーが体積を大きくする運動エネルギーに変化する。

河口付近や谷間のある海岸線は風が強い

Point 河口付近の風は強くなる傾向に

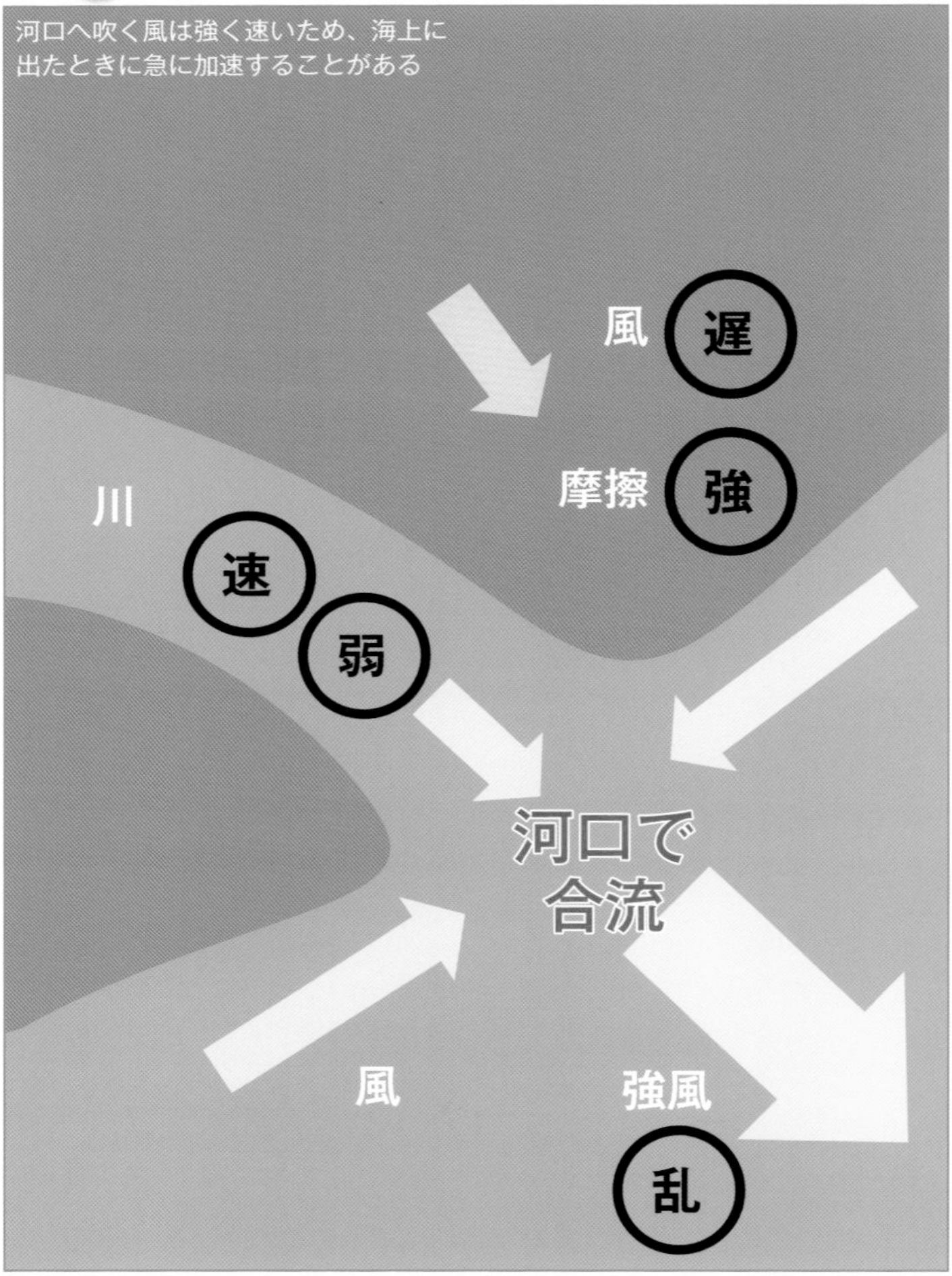
河口へ吹く風は強く速いため、海上に出たときに急に加速することがある
風
遅
摩擦
強
川
速
弱
河口で合流
風
強風
乱

水上は摩擦が小さいので風速が増すことがある

山の天気は変わりやすいと言われるのは、地形によって風に変化が生じるのが原因だ。急に風が強くなりやすい地形を知っておくと、マリンスポーツの事故も防ぐことができる。

例えば海岸線の河口付近では、強風が吹きやすい。それは風も摩擦を受けるため。**山地から風が吹き降ろすとき、陸地では地面や木々の摩擦を受け、河上では摩擦が小さいため、風が強くなる**のだ。

一方で海上の風は海岸線に沿って吹く性質がある。これが河口まで来ると、川の上を滑るように吹いてきた風と合流し、風速が一気に増すことがある。

谷を吹く風は風速が上がりやすい

山と山に挟まれた谷では、障害物がなく
吹き抜けるため、風速が上がりやすい

谷間を吹き抜ける風は風速が増す

また山に向かって吹く風は、山にぶつかれば風力は弱まる。しかし谷は障害がないため、ぶつからずに素通りする。これに加えて、山にぶつかった風の抜け場所にもなるため、風速がさらに増す。

このように河口付近や海岸線に近い谷間の近くをヨットやボートで海岸線に沿って移動しているとき、この横風を受けて転覆することもある。

ココに注目! 摩擦係数

垂直抗力に対する摩擦力の比と定義される。0に近い値から1を越える値にまでなる。空気と海面の摩擦係数は0.001～0.005。また、陸と海とで摩擦係数を比べると、陸の方が大きく、海上の方が風は強くなる。

上空に冷たい空気があると大気は不安定になる

空気が上昇と下降を繰り返すと安定する

雲ができる仕組み

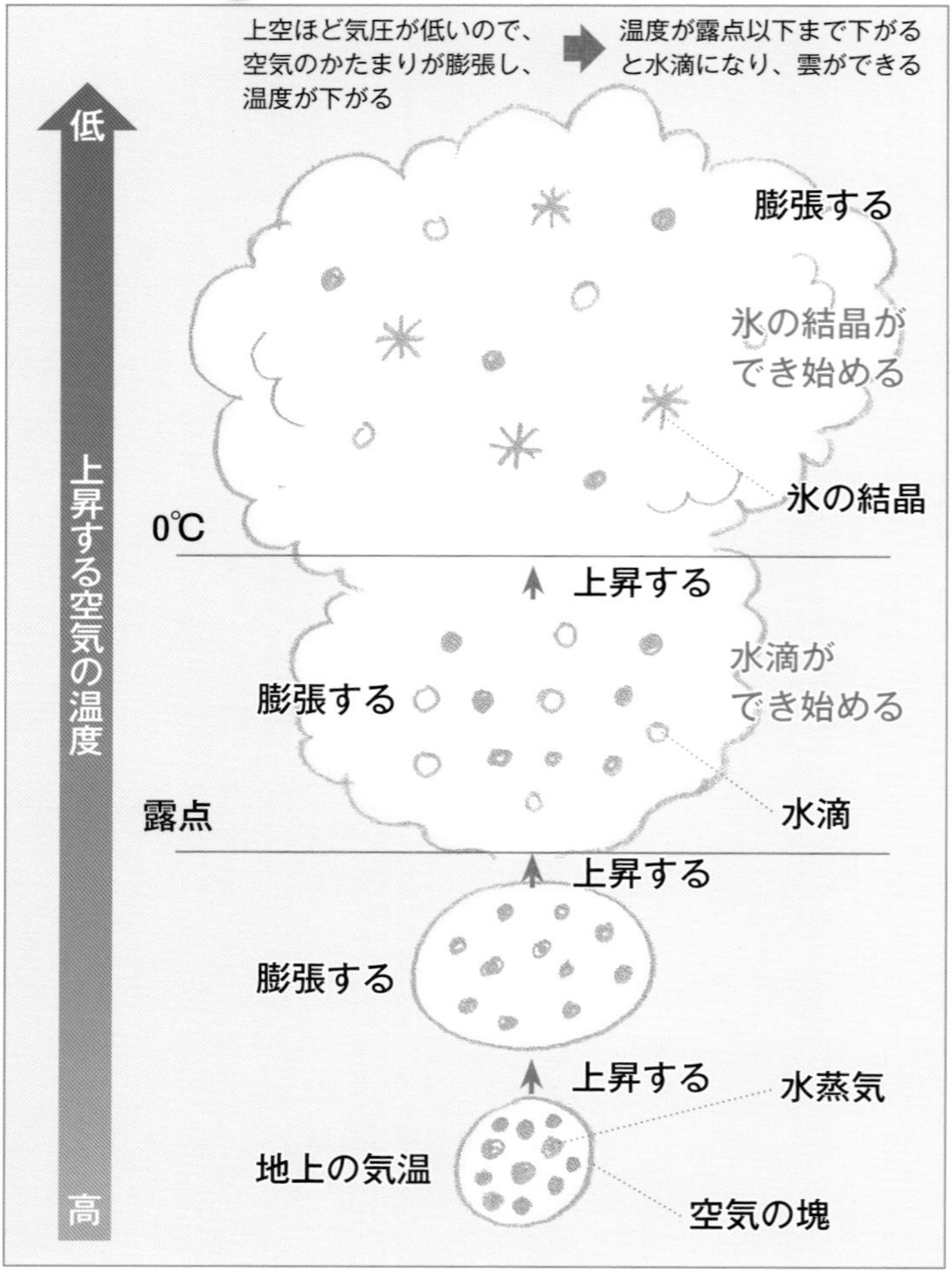

テレビなどで天気予報を見ていると、「安定した大気」とか「大気が不安定」ということがよくある。これは**上空または地表付近に、極端に温度が違う空気が流れ込むことによる気象状況を表している。**

地上付近の空気は水蒸気を含んでいる。これが上昇気流によって持ち上げられると膨張し、熱を奪われていく。露点を境に水蒸気は凝結し始めて雲になる。さらに水滴になると雨が降る。これが雲ができ、雨が降るまでの仕組みだ。さらにこの空気が0℃より下がると氷の結晶となる。

ここで上空に元からあった大

空気塊と周囲の温度

空気塊が上昇したり加工したりする動きは、空気塊の密度とその周囲の密度によって決まる

【A】周囲の気温より低温
↓
空気塊は元の高さに戻る

【B】周囲の気温と同温
↓
空気塊はそのまま止まる

【C】周囲の気温より高温
↓
どこまでも浮かび上がる

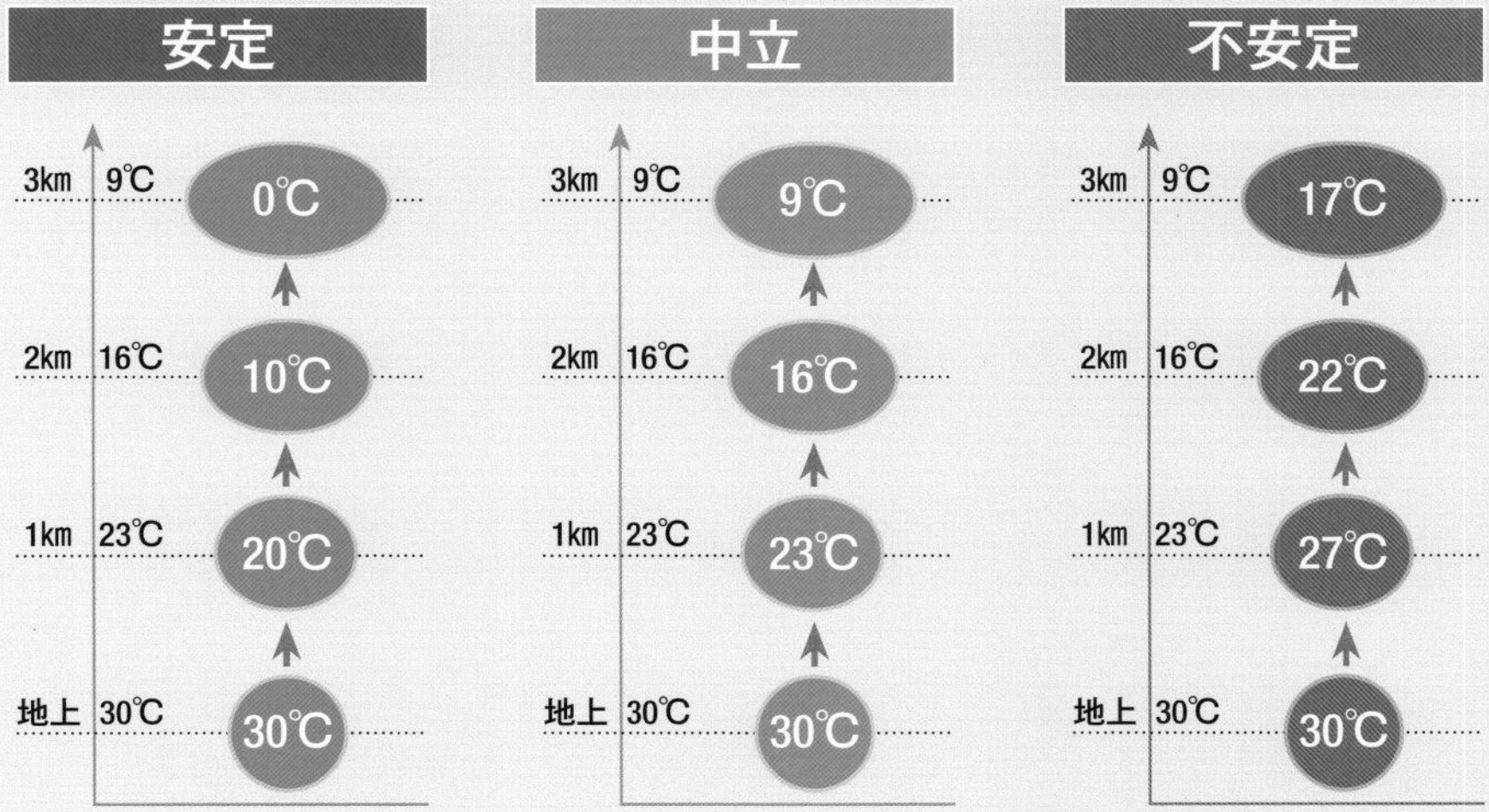

空気塊の密度が周囲の空気の密度より
大きい時➡空気塊は下降
小さい時➡空気塊は上昇

気の温度が問題になる。上空大気が温かい時は、空気の密度は小さくなっている。上がっていった空気塊の密度が大きければ再び下がり始める。**空気の塊が上昇し続けることがないのが、大気が安定している状態だ。**

上昇した空気塊と周囲の大気の温度が同じ状態が中立で、その高さで留まる。ところが上空の大気が極端に冷たいか、地表付近の大気が温かくて湿っていると、どこまでも上昇していくことになり、大気は不安定となる。

ココに注目!

摂氏と華氏

温度の表示には「摂氏」と「華氏」の二種類がある。日本は「摂氏=℃」だが、アメリカなどでは「華氏=℉」が使われる。「摂氏」は、水の凝固点を0度・沸点を100度、華氏は人間の体温を96度とした温度の単位。

風速によって陸上・海上でおきる変化を理解する

風力階級	名称	相当風速	陸上の様子	海上の様子
0	**平穏**（へいおん） **静穏**（せいおん）	0〜0.2m/s 0ノット	煙はまっすぐ昇る	水面は鏡のように穏やか
1	**至軽風**（しけいふう）	0.3〜1.5m/s 1〜3ノット	煙は風向きが分かる程度にたなびく	うろこのようなさざ波が立つ
2	**軽風**（けいふう）	1.6〜3.3m/s 4〜6ノット	顔に風を感じる。木の葉が揺れる	はっきりしたさざ波が立つ
3	**軟風**（なんぷう）	3.4〜5.4m/s 7〜10ノット	木の葉や小枝が揺れる	波頭が砕ける。白波が現れ始める
4	**和風**（わふう）	5.5〜7.9m/s 11〜16ノット	砂埃が立ったり、小さなゴミや落ち葉が宙に舞う	小さな波が立つ。白波が増える
5	**疾風**（しっぷう）	8.0〜10.7m/s 17〜21ノット	葉のある灌木が揺れ始める	水面に波頭が立つ
6	**雄風**（ゆうふう）	10.8〜13.8m/s 22〜27ノット	木の大枝が揺れ、傘がさしにくくなる。電線が唸る	白く泡立った波頭が広がる

経験のない人でも風速が予測できる

手元に風速計があれば風速はわかる。また、経験が十分にある人であれば、体感によって風速を当てることができる。ただし、ほとんどの人が風速を当てることはできないだろう。しかし、**陸上や海上の様子から風速を推測することならできる。**それが、イギリス海軍提督のフランシス・ボーフォートが19世紀初頭に提唱したビューフォート風力階級だ。

周囲の様子から風力がわかる

ボーフォートは武装帆船での航海において、海上の風の強さを表現するため、自らの経験に

風力階級	名称	相当風速	陸上の様子	海上の様子
7	強風（きょうふう）	13.9～17.1m/s 28～33ノット	大きな木の全体が揺れ、風に向かって歩きにくい。	波頭が砕けて白い泡が風に吹き流される。
8	疾強風（しっきょうふう）	17.2～20.7m/s 34～40ノット	小枝が折れる。風に向かって歩けない。	大波のやや小さいもの。波頭が砕けて水煙となり、泡は筋を引いて吹き流される。
9	大強風（だいきょうふう）	20.8～24.4m/s 41～47ノット	屋根瓦が飛ぶ。人家に被害が出始める。	大波。泡が筋を引く。波頭が崩れて逆巻き始める。
10	全強風（ぜんきょうふう）暴風（ぼうふう）	24.5～28.4m/s 48～55ノット	内陸部では稀。根こそぎ倒される木が出始める。人家に大きな被害が起こる。	のしかかるような大波。白い泡が筋を引いて海面は白く見え、波は激しく崩れて視界が悪くなる。
11	暴風（ぼうふう）烈風（れっぷう）	28.5～32.6m/s 56～63ノット	めったに起こらない。広い範囲の被害を伴う。	山のような大波。海面は白い泡ですっかり覆われる。波頭は風に吹き飛ばされて水煙となり、視界は悪くなる。
12	颶風（ぐふう）	32.7m/s以上 64ノット以上	被害が更に甚大になる。	大気は泡としぶきに満たされ、海面は完全に白くなる。視界は非常に悪くなる。

基づいて**風力を0から12までの13段階に区分、各段階における海の状況（波浪など）を記した表を作成**した。1964年には世界気象機関（WMO）の風力の標準尺度に採用されている。

この階級表より陸上や海上の様子から推測することができる。また、風速の予想より、海上・陸上でどのような現象が発生するかを推測することができる。なお、日本では風力は「風力5」のように数字で表し、「疾風」のような名称は公式には使用していない。

ココに注目！ ボーフォートとは

Beaufort はフランス語起源の語であり、フランス語の発音は「ボーフォール」、英語の発音は「ボーフォート」に近い。日本では慣例として「ビューフォート」とされる。beautiful（美しい）の発音の影響からと言われている。

波の名称を知れば興味もわいてくる

①波高
波の高さ。波の一番低い所と高い所との距離
②波峰線
波の上部が連なった線
③波形勾配
波の面の傾き
④波長
波峰線から次の波峰線までの距離
⑤周期
波峰線から次の波峰線が来るまでの時間
②波峰線
④波長
(⑤周期)
③波形勾配
①波高

波の専門用語とサーフィン用語

気象学などでは、波の形状や特徴を表す専門的な用語や名称がある。波の高さは「波高」、浜辺から沖の波を見たときの上部のラインを「波峰線」という。また複数の波を横から見たときに、前にある波峰線から次の波峰線までの距離的な感覚を「波長」、時間的間隔を「周期」という。**波の面の傾きは「波形勾配」といって、サーフィンではこの面が重要な要素**になる。

波の頂点が「トップ」で、そこから少し横のこれから崩れようとしているところが「ショルダー」。すでに崩れ始めている「リップ」と使い分ける。砕けて白波が立っているところは

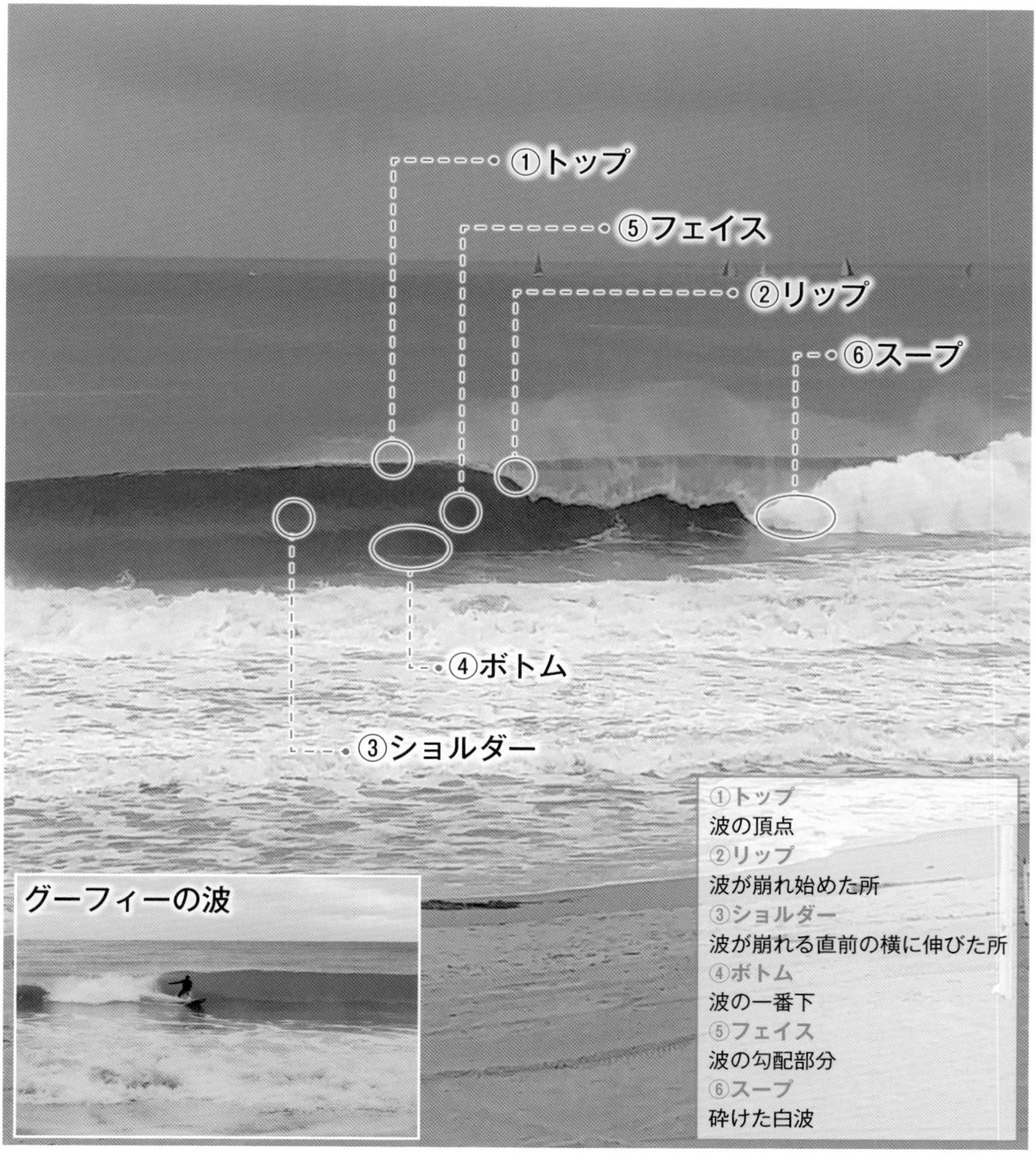

グーフィーの波

「スープ」。波がせり上がっているときの勾配部分を「フェイス」といって、これが整っていると乗りやすい波である。サーフィンでは、波の大きさと波高は一致しない。波高が同じでも、崩れ方によりフェイスの大きさが変わってくる。波の大きさは、ボトムからトップのフェイスの大きさを体の部位を使って「胸」や「腰」と大まかな目測で表現する。破波をブレイクといい、崩れ波、巻き波、砕け寄せ波の3つあって、サーフィンに適しているのは巻き波だ。

ココに注目!

サーフィン用語

面ツル(表面の綺麗な波)。ザワつく(弱い海風で少し乱れている)。チョッピー(やや強い海風によって海面が削られている(チョップ))。パンピー(乱れてバンプ(コブ)ができている)。ジャンク(強い海風で荒れた状態)。

風の強さ、時間、距離で波が発生する

海上の風によって波が発達する

海上の風によって波が発達するため、
風下にいくほど波の高さが増す

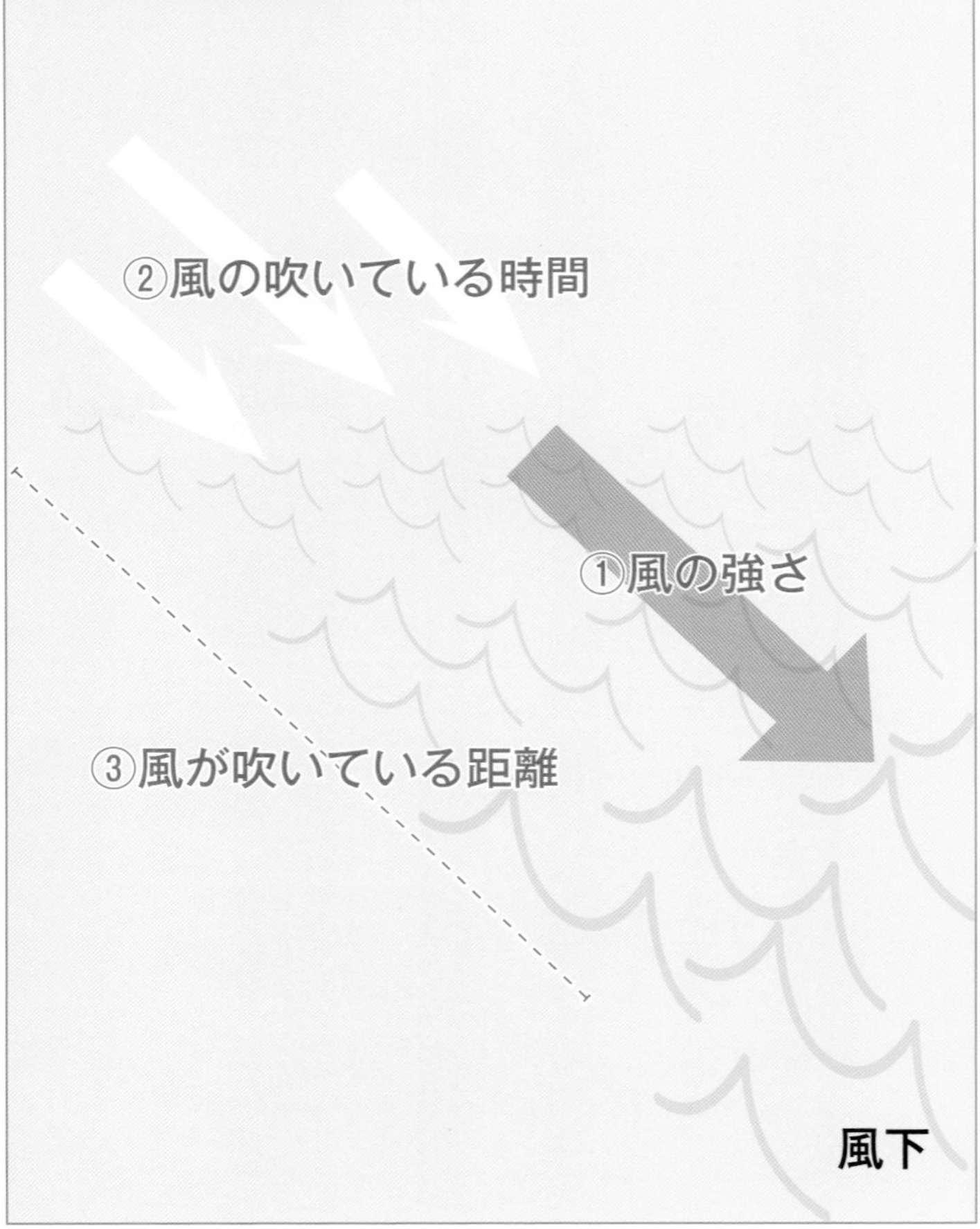

波ができるための3要素とは

海上で風が吹くと、波ができる。**波が発達するには、3つの条件がある。**

第一に風の強さ。強い風が吹くことで、海面が乱れてさざ波となる。これが波の発生の第一段階。水は重さのある液体なので、弱い風では波立たせることはできない。

第二に風が吹いている時間。長時間風が吹くことによって、海面のさざ波が続く。いくら風が強くても、短い時間では乱れた海面はすぐに静まってしまう。

第三に風が吹いている距離。長距離に渡って風が吹くことで、最初はさざ波だったものが発達して大きな波になる。

多くの波が重なった複合波がサーフビート

サーフィンでは サーフビートを 見極める

海岸に打ち寄せる波には一定のリズムがあるといわれている。海洋では様々なところで波が発生していて、それが重なったり打ち消し合ったりしながら、1つ1つの波になって海岸にやってくる。この中で複雑な中にも一定の波のリズムができあがるのだ。良い波が来たら、次に来るのはいつか。サーフィンでは、このサーフビートを見極めるのも楽しみだ。

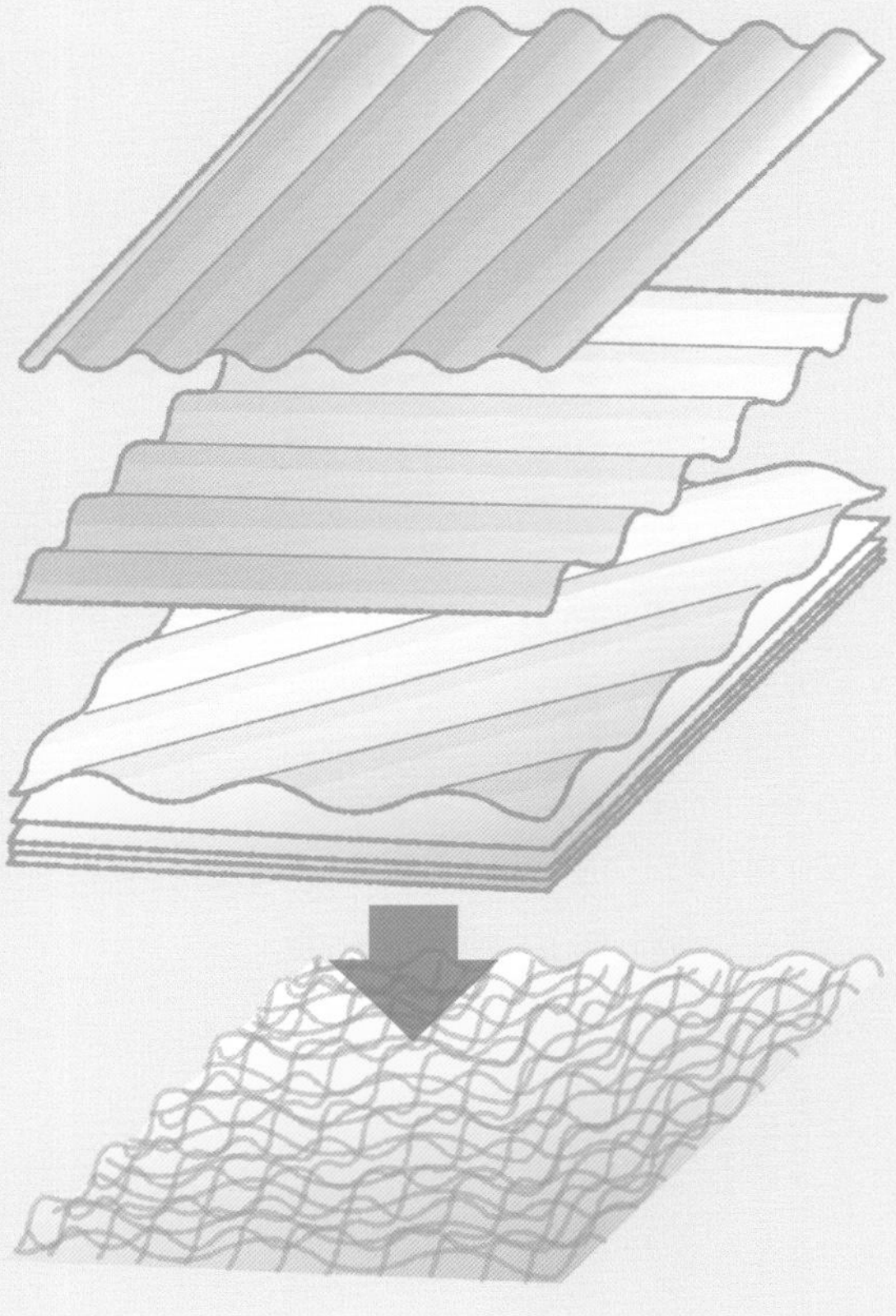

台風は3つの条件をすべて満たしている

この3つの条件は、台風をイメージすると理解しやすい。台風は熱帯性低気圧が発達したもの。風速数十メートルの風が、勢力範囲の数百キロに渡って、何日も吹き続ける。台風が南で発生したとき、日本列島の太平洋沿岸には大きな波が押し寄せてくる。**土用波（P110土用波）と呼ばれる大波も台風の影響だ。**

ココに注目！ 波の速さ

土用波は速く、時には時速50km以上に達する。津波の速度は水深の深さによって変化するものの、水深が100mだと時速110km、5000mだと時速800kmとジェット機並となっている。地球の裏側で発生した津波が一日で押し寄せる。

風が吹いて風浪ができ、それがうねりとなる

うねりに成長する

風が吹いてできた風浪が、
うねりへと発達する

風浪とうねりを総称して波浪という

波のことを専門的に呼ぶと「波浪」という。波浪とは、風浪とうねりの総称。風浪とうねりについて説明していこう。

風浪とは、海上で風が吹いたときに生じるざわざわとした波のこと。波の形は尖っていて、大きさはバラバラ。ここに波が発達する3つの条件が重なると、風浪は互いに干渉しあいながらどんどん発達していく。

風浪の尖った先端は、元の水面よりも持ち上がった状態。すると今度は重力を受けて元に戻ろうとする。このとき戻る動きで生じたエネルギーが周囲に伝わる。これを波動という。波動は周囲の水を持ち上げようとす

一ヶ所だけ波が立っていると沖合は強風の可能性

陸から見て一ヶ所だけ
波が立っていると海面は荒れている
海底の影響を受けてうねりが
波立っている所がある
↓
沖合では強い風が吹いている
可能性がある

る。この連続によって波が発達していく。波の伝播現象が起こるのである。

うねりが海岸に到達して砕ける

伝播していった波は、風が収まっても続くが、やがて小さくなっていく。この過程にあるのが、うねりである。うねりは盛り上がった部分が丸みを帯びている。うねりが海岸線に到達すると形状を維持できなくなり砕ける。これが海水浴場などで見る白く砕けた波、砕波である。

ココに注目！ トロコイド運動

沖合では、波は進んでも,水の粒子はほとんど移動しない。表面の水粒子は波の振幅に等しい半径の円を描くトロコイド運動と呼ばれる運動をしているだけである。沖合の海面に浮いている物は上下動をするのみである。

波は海底の摩擦を受けて砕ける

Point 波の進行方向が変化するのが屈折

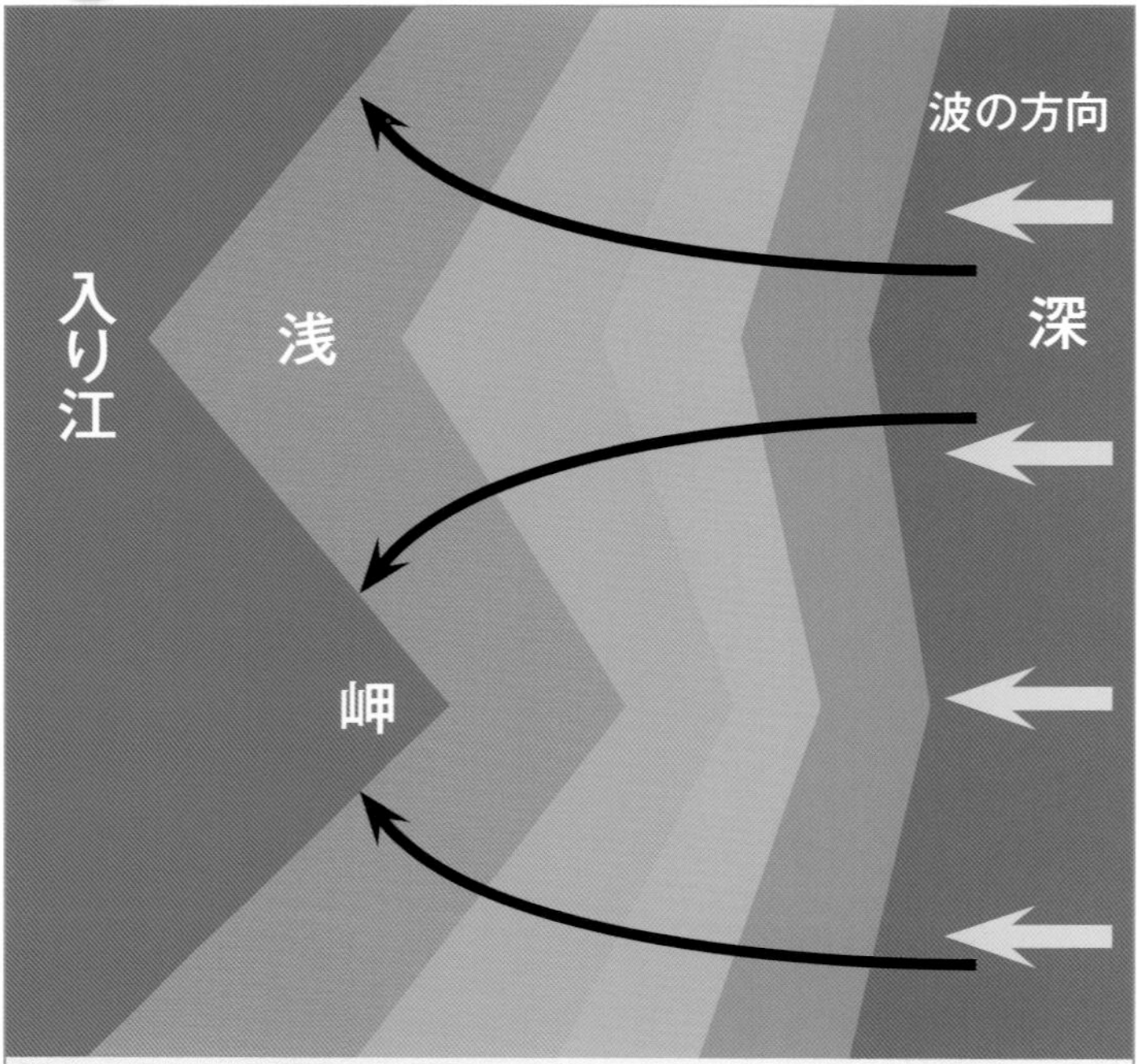

屈折とは、波の進行方向が変化すること。
浅海効果の影響下では波速は水深が浅くなるほど遅くなるため、深い所の波は速く、浅い所の波は遅く進むので、波面（波の峰を連ねた線）は曲がり、海岸に平行になろうとする。
沖合の波が海岸へ斜めに近づいていたとしても、波打ち際では、波が正面から向かってきたように見える。
そのため、岬の尖端のような海に突き出した部分では波が集まり波高が増大し、砕波も激しくなる。一方、湾奥部では波が分散して波高が減少する。

海底の岩礁やサンゴ礁で起きるのがリーフブレイク

波は海底の地形の影響を受ける。遠浅の海岸では、波は沖で砕ける。反対に岸壁のようなところで、急激に水深が深くなっているようなところでは、岸壁に当たるまで波は砕けない。その中間が、海水浴場などで、砂浜で砕ける波だ。

こうした**波が起こるのは、海底と波の間にも摩擦が生じているため**だ。水深が浅くなるにつれて、摩擦が強くなり波の速度は落ちる。しかし波の上部には進もうとする慣性がかかっているため、大きく盛り上がるような形になった後、前方へ向かって砕ける。水深が深ければ摩擦が小さいため、岸壁に当たるま

サーファーに役立つ波の種類

ポイントブレイク

波がある一定の地点でブレイクすること。サーファーにとってはそこで波を待てばいいので、とてもいいポイントになる。ポイントブレイクが起きるのは、海岸へ向かってきたときに、急に水深が浅くなっているところがあるため。波はそこで急に海底からの摩擦を受けて、スピードが落ちる。その後大きく盛り上がって一気にブレイクする。

ビーチブレイク

一番多いブレイクで、海底が遠浅の砂場だと、少しずつ摩擦を受けて、波高が上がっていく。やがて波はブレイクする。海底が砂なので、地形は変化するし、水深も変わる。それによってブレイクポイントが変わるので、見極めるのが難しい。その一方で岩場でケガをする心配は少ないので、初心者が練習を積むのには適している。

バックウォッシュ

海岸が岸壁や防波堤などのとき、波が跳ね返って、海岸から沖へ向かうことがある。これが沖から来た波とぶつかるのがバックウォッシュだ。イレギュラーなブレイクなので、サーフィンには向かない。バックウォッシュが起きやすいポイントがあるので、事前に情報を入れておくと安心だ。

で砕けない。

急な浅瀬で見られる リーフブレイク

海底に岩礁やサンゴ礁が存在していて、切り立つように浅瀬になっているような地形では、これが際立つ。波に急ブレーキがかかるため、波が一気に盛り上がり、一気に砕ける。こうし**た波をリーフブレイクといって、サーファーが目指すポイントと**なる。

ココに注目！ 浅海効果

浅水変形など、浅海域で起こる、波の変形を伴う現象の総称。水深が、波の波長の6分の1より浅くなると、波長が短くなり、波高が急激に大きくなる。波長の長いうねりほど沿岸で大きな変化をして急激に波高が高くなる。

ノースショアとサウスショアの波はどこから!?

風がなくても大波が来ることを知る

ハワイ・オアフ島の北西に打ち寄せるノースショアは、チューブ状の巨大な波でサーファーの憧れ。一方でサウスショアはハワイの南側に穏やかに打ち寄せ、のんびりとロングボードが楽しめる。この特徴的な2つの波は、はるか遠くの海で発生したものが届いている。

ノースショアの大きな波は、オホーツク海の低気圧によってできた波である。日本で西高東低の冬型の気圧配置になる冬の時期、オホーツク海～アリューシャン列島付近に発達した低気圧が停滞する。この低気圧によって吹く風が、大きな波を生み出して、それがハワイ北西部の

Point ノースショアはオホーツク海でできた波

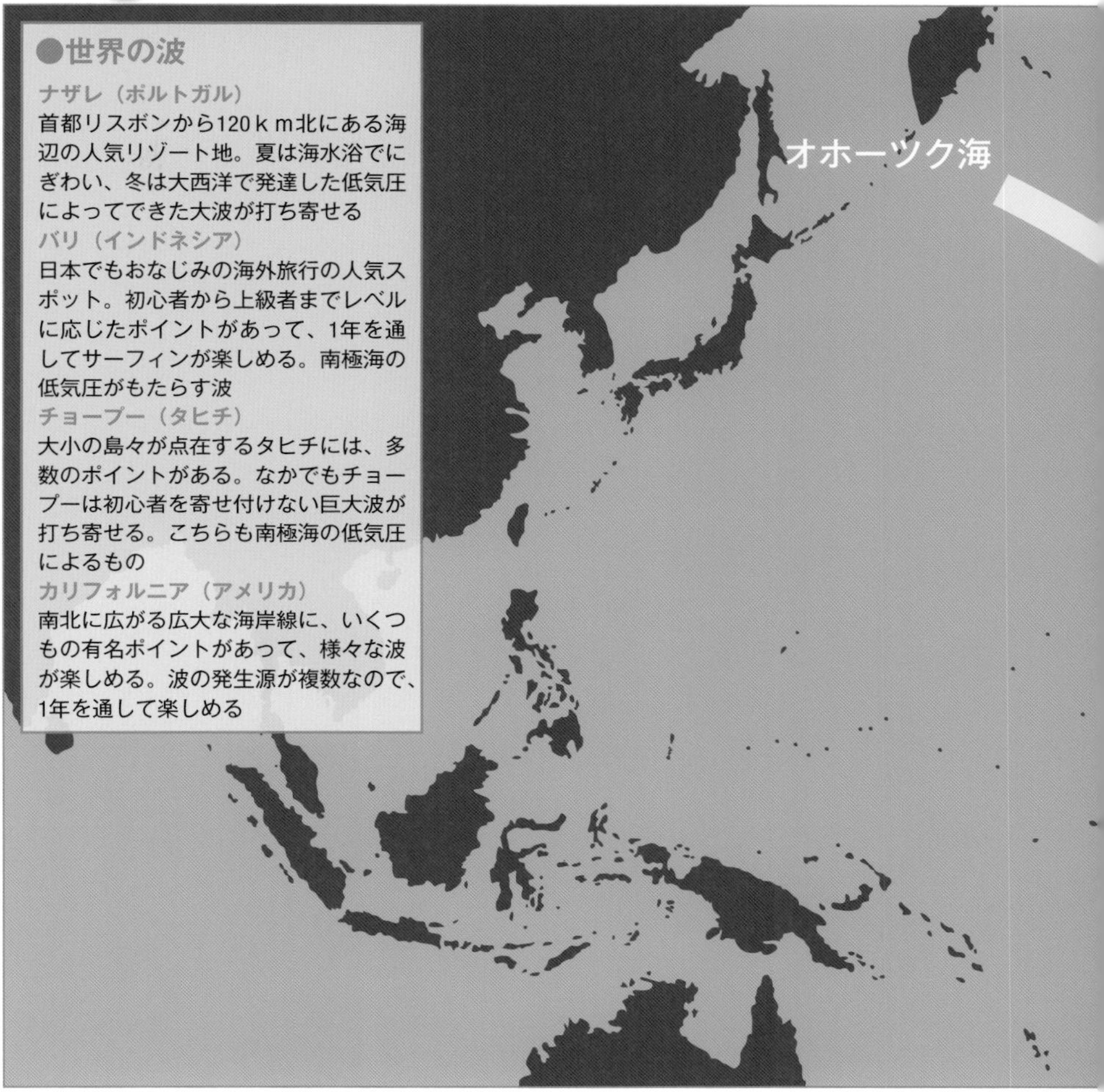

●世界の波

ナザレ（ポルトガル）
首都リスボンから120ｋｍ北にある海辺の人気リゾート地。夏は海水浴でにぎわい、冬は大西洋で発達した低気圧によってできた大波が打ち寄せる

バリ（インドネシア）
日本でもおなじみの海外旅行の人気スポット。初心者から上級者までレベルに応じたポイントがあって、1年を通してサーフィンが楽しめる。南極海の低気圧がもたらす波

チョープー（タヒチ）
大小の島々が点在するタヒチには、多数のポイントがある。なかでもチョープーは初心者を寄せ付けない巨大波が打ち寄せる。こちらも南極海の低気圧によるもの

カリフォルニア（アメリカ）
南北に広がる広大な海岸線に、いくつもの有名ポイントがあって、様々な波が楽しめる。波の発生源が複数なので、1年を通して楽しめる

ノースショアへと到達するのだ。

一方でサウスショア・タウンの波は、南極から届く。北半球が夏のとき、南半球は冬で、南極圏で低気圧が発達する。これによって発生した波が、長い距離を移動する間に衰え、太平洋を渡る頃には、穏やかな波となってサウスショア・タウンに届いているのだ。

このようにハワイの波がどこからやってくるのかを知っておくと、風が吹いているから波に気を付けようという単純なものではないことがわかる。

ココに注目！ パイプライン

別名バンザイ・パイプライン。オアフ島ノースショアにあるサーフィン最大の聖地。名前のように、大きくて危険かつ美しいチューブを巻く波で有名。プロサーフィン世界選手権の試合会場としても知られている。

日本を取り囲む4つの気団を知っておく

Point 寒-暖・湿-乾の特徴

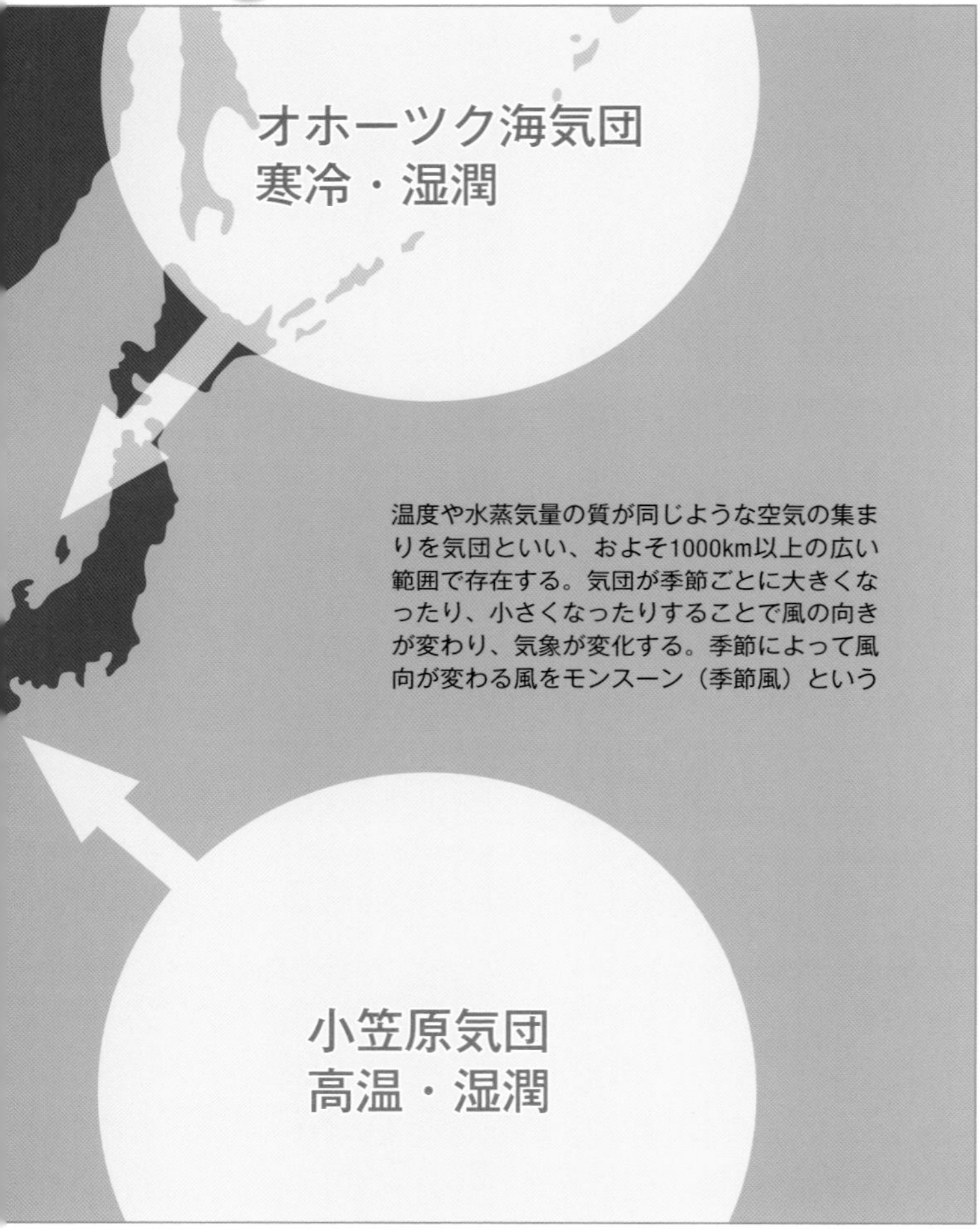

温度や水蒸気量の質が同じような空気の集まりを気団といい、およそ1000km以上の広い範囲で存在する。気団が季節ごとに大きくなったり、小さくなったりすることで風の向きが変わり、気象が変化する。季節によって風向が変わる風をモンスーン（季節風）という

オホーツク海気団と小笠原気団の影響大

気団とは、温度や水蒸気量が同じような空気が集まっているもの。およそ1000キロメートルにも及ぶ広範囲を覆って、同じ場所に停滞しているため、周辺の気象に大きな影響を与えている。

日本列島の周辺には4つの気団が取り囲むように存在している。 中国大陸の北部にあるのは、寒冷で乾燥しているシベリア気団。中国大陸の中部から南部を覆っているのは、温暖で乾燥している揚子江気団。北海道の北東にあるのが、寒冷で湿潤なオホーツク海気団。太平洋にあるのが、高温で湿潤な小笠原気団。

特に**日本の四季に影響するの**

が、**シベリア気団と小笠原気団である。**シベリア気団が発達する冬は、冷たく乾燥した北西風が大陸から吹く。この北西風が日本海を渡るときに水蒸気の補給を受ける。この湿った冷たい風が日本海側の山地にぶつかって上昇流となって雪雲となり雪を降らせる。そして、山地を抜けて太平洋側に来ると、下降流となって乾燥した北風となる。小笠原気団が日本列島を覆う夏は、南から湿った暖かい空気を運ぶ。春と秋は揚子江気団とオホーツク海気団が影響する。

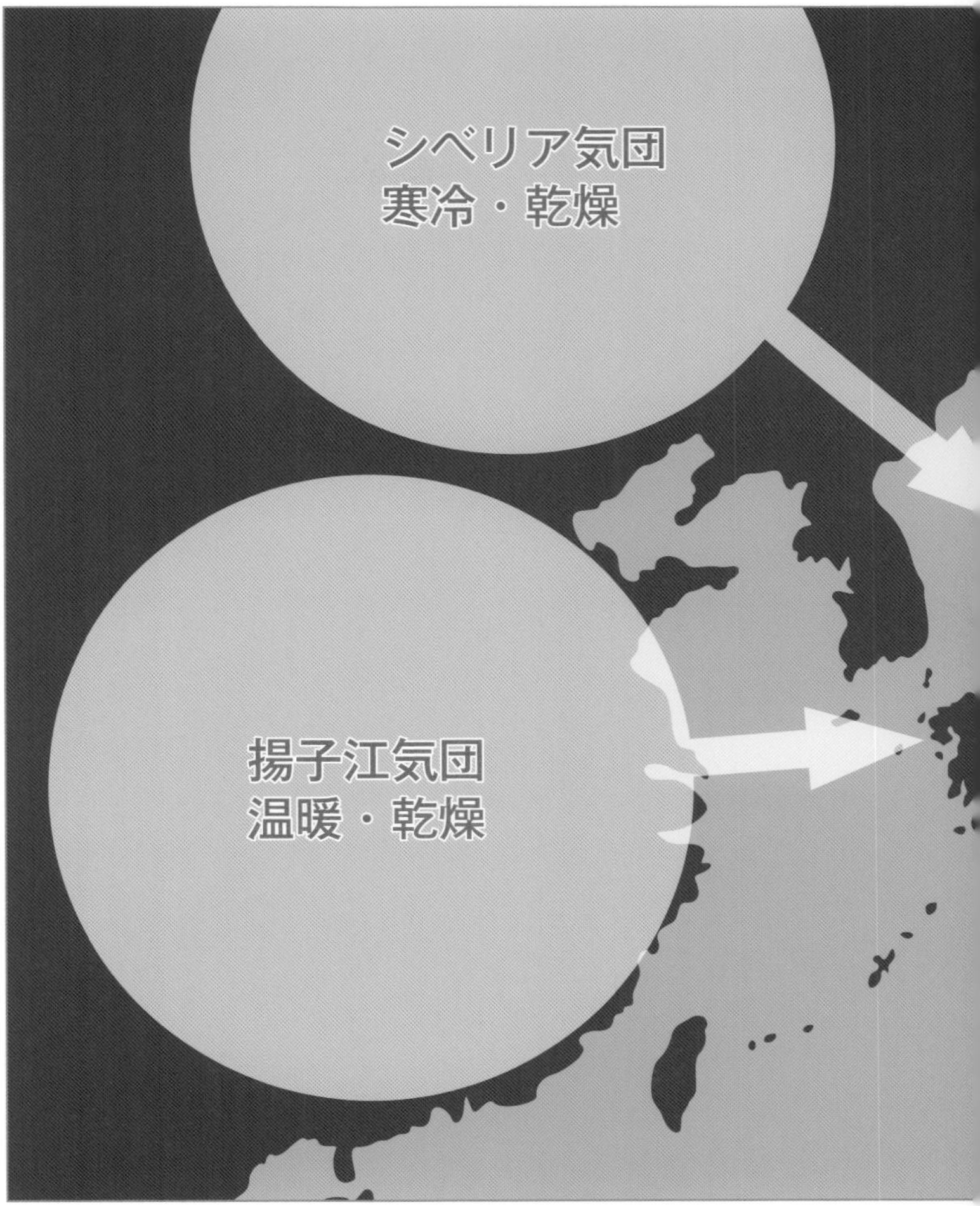

梅雨や台風も気団の影響による

春のさわやかな陽気は乾燥して温暖な揚子江気団による。共にオホーツク海気団と小笠原気団が拮抗する梅雨期・秋雨期には、梅雨前線・秋雨前線と停滞前線が発生し長雨となる。また、夏の間は小笠原気団が台風の北上を阻むが、小笠原気団が張り出しを弱める秋には日本列島が台風の通り道になる。

ココに注目!

日本海寒帯気団収束帯

大陸から吹き出す寒気が、朝鮮半島北部白頭山により2方向に分断され、日本海で再びぶつかり合う現象。ぶつかりあった所では強い上昇流が発生して雪雲が発達し、日本海側に大雪や雷などをもたらす。

複数の波が合成して高波となる

Point 複数の波が1点でぶつかり巨大な波になる

合成波は、複数の波が1点でぶつかって、巨大な波になることがある

複数の波の合成波をフリークウェーブという

進行方向の違う複数の波が、一点でぶつかり合ったとき、相互干渉をして、合成波形を作ることがある。**一般的には、合成波の波高はさほど高くならない。しかし複数の波の位相が合致したとき、エネルギーを増して巨大な波を作ることがある。**これをフリークウェーブという。日本語では一発大波。また別名でグリーンウォーターという呼称もある。

これまでで最大の巨大波は、アメリカ海軍のタンカー・ラポマが、1933年2月に太平洋上で観測した34mという記録が残っている。

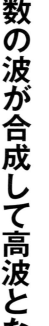

河口では三角波が発生する

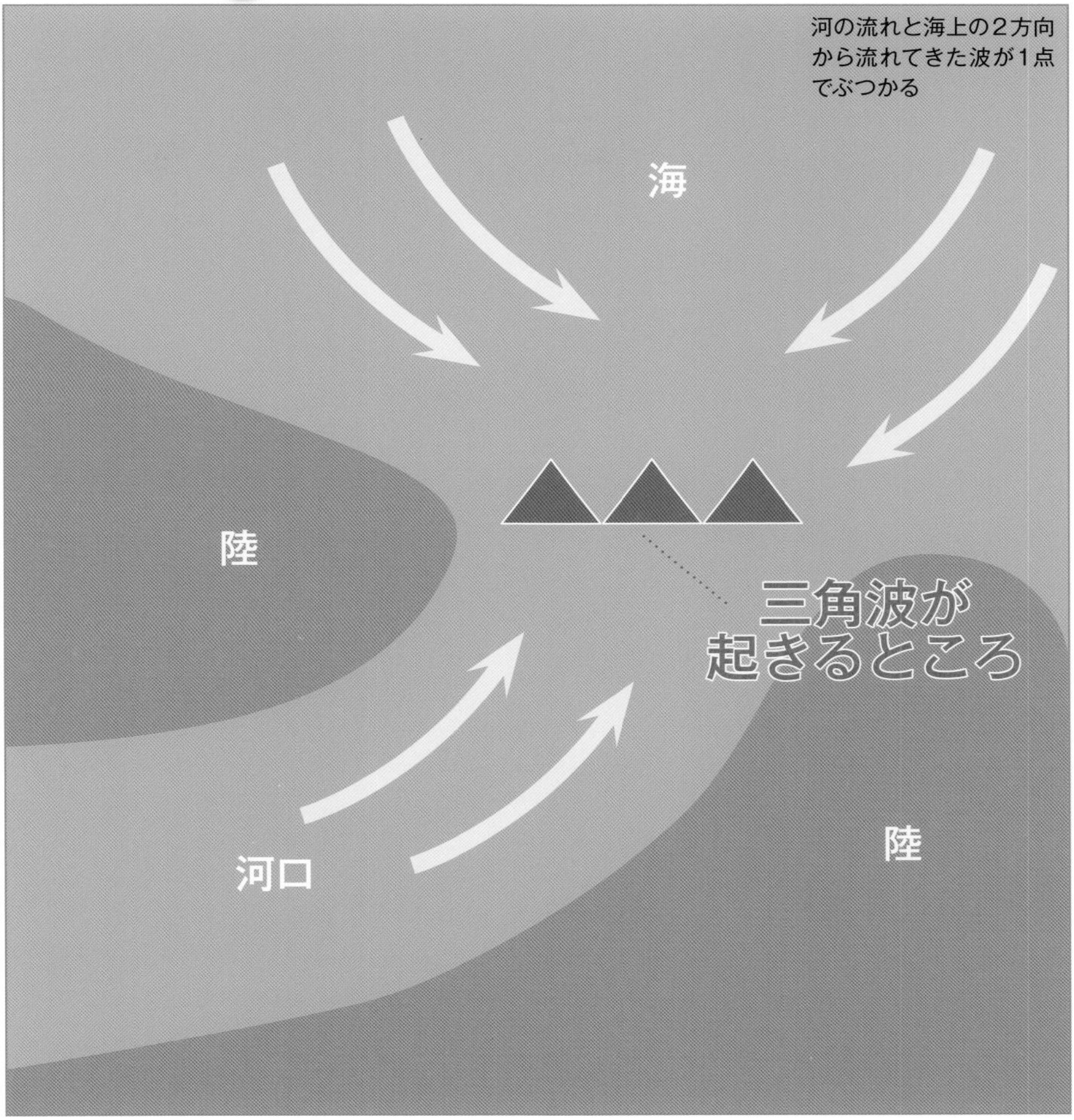

ココに注目！ 干渉波

複数の波が重ね合うことよってできた新しい形の波のこと。波の山と山、谷と谷が干渉すると波高の絶対値は大きくなり、山と谷が干渉すると波高の絶対値は小さくなる。三方向から来る10mの波が重なり合うと、最大で30mも。

日本でも三角波による事故が起きている

河口では三角波と呼ばれる合成波が発生することがある。**河から海へ流れ出て、これに海上からの波がぶつかり合う。通常なら打ち消し合うが、突発的に高波になることがある。**日本でも２００９年６月に新潟県の新潟市と胎内市で相次いで転覆事故が発生。６人が亡くなった。これも三角波による事故と考えられている。

COLUMN

雷の基礎知識②

落雷と逆さ雷

上昇流によって、地表の空気が上空に持ち上げられる。このとき空気塊に含まれる水蒸気が水滴になると雨雲が発生する。それがさらに氷塊やあられになったものが積乱雲だ。

上昇流が続くと、氷塊やあられがぶつかり合って静電気が発生する。こうして積乱雲の中に電気が蓄積される。これが放出されたものが雷で、地上や海上に落ちると落雷となる。

一方で地上から上空へ向かって電気が流れる現象がある。これは地上に溜まった「マイナスの電荷」が、上空の「プラスの電荷」に向かったときに発生する雷だ。冬の日本海でたまに観測されることがあり、「逆雷」「逆さ雷」「雷樹」と様々な名称で呼ばれている。

3章

四季とマリンスポーツ

日本は四季がはっきりとしており、それぞれの四季で海の様子が大きく異なる。
また、四季による変化は、日本海側と太平洋側で大きく異なる。
各季節・各地域によって適したマリンスポーツも異なってくる。
海の上級者は、季節と地域によって楽しむマリンスポーツを選んでいる。
四季による海の変化を知ることで、いろいろな海の楽しみ方を知ることができる。

「春に3日の晴れなし」で周期的に変化する

Point 晴れと雨を数日周期で繰り返す

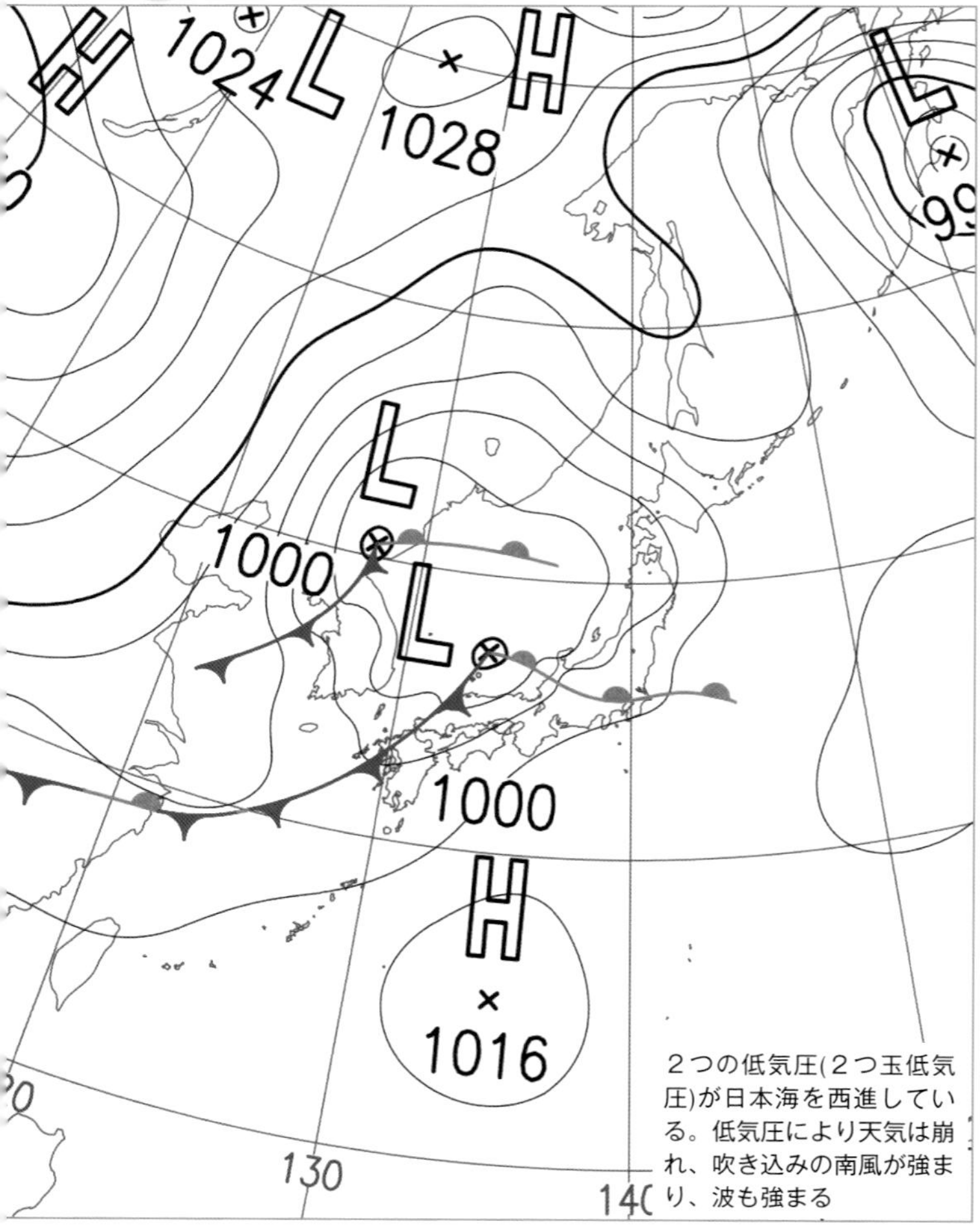

2つの低気圧(2つ玉低気圧)が日本海を西進している。低気圧により天気は崩れ、吹き込みの南風が強まり、波も強まる

※気象庁ホームページより

高気圧と低気圧が交互に通過する

春の天気は、晴れと雨を数日周期で繰り返すという特徴がある。天気のことわざに「春に3日の晴れなし」というものがあって、春の天気を的確に表している。逆に言えば、天気が悪い日も長くは続かないということになる。

これは**日本列島を西から東へ偏西風が強く吹くため。偏西風に流されて、高気圧も低気圧も移動が速くなる**のが原因だ。低気圧が通るとき強い風が吹き、激しい雨も降る。「春の嵐」と呼ばれる気象状況だ。低気圧が通り過ぎると、高気圧が来て、風が収まり穏やかに晴れる。

Point 南から吹き込む強風が春一番

春一番とは、立春から春分までに吹く強い南風のこと。日本海で低気圧が発達することで、南から強風が吹き込む。季節外れの暖かい陽気になるが、その後は北風が吹き寒さが戻る。北日本と沖縄を除く各地で発表される。海上は大時化《しけ》となり、海難事故が起きやすい。航空機に影響も与える

三寒四温で少しずつ春へ

また冬から春先にかけての天気を表す言葉に「三寒四温」というものもある。これは3日寒い日があると、4日暖かい日が続くこと。7日周期でだんだんと気温も上がってきて、本格的な春を迎える。

春を告げるのが、春一番。荒れた強い南風が吹く。これについては、P68からの「春一番」で詳しく説明する。

ココに注目！ 観天望気

自然現象や生物の行動の様子などから天気の変化を予測すること。天気のことわざも観天望気のうちになる。有名なのは「夕焼けは晴れ」。天気は西から順に変わる。太陽の沈む西側に雲が無いと夕焼けが発生する。

サーフィンやヨットには適した時期

Point 春のよくある天気図

本州付近は移動性高気圧に覆われており穏やか。ただし、大陸には低気圧や東シナ海には前線が控えている

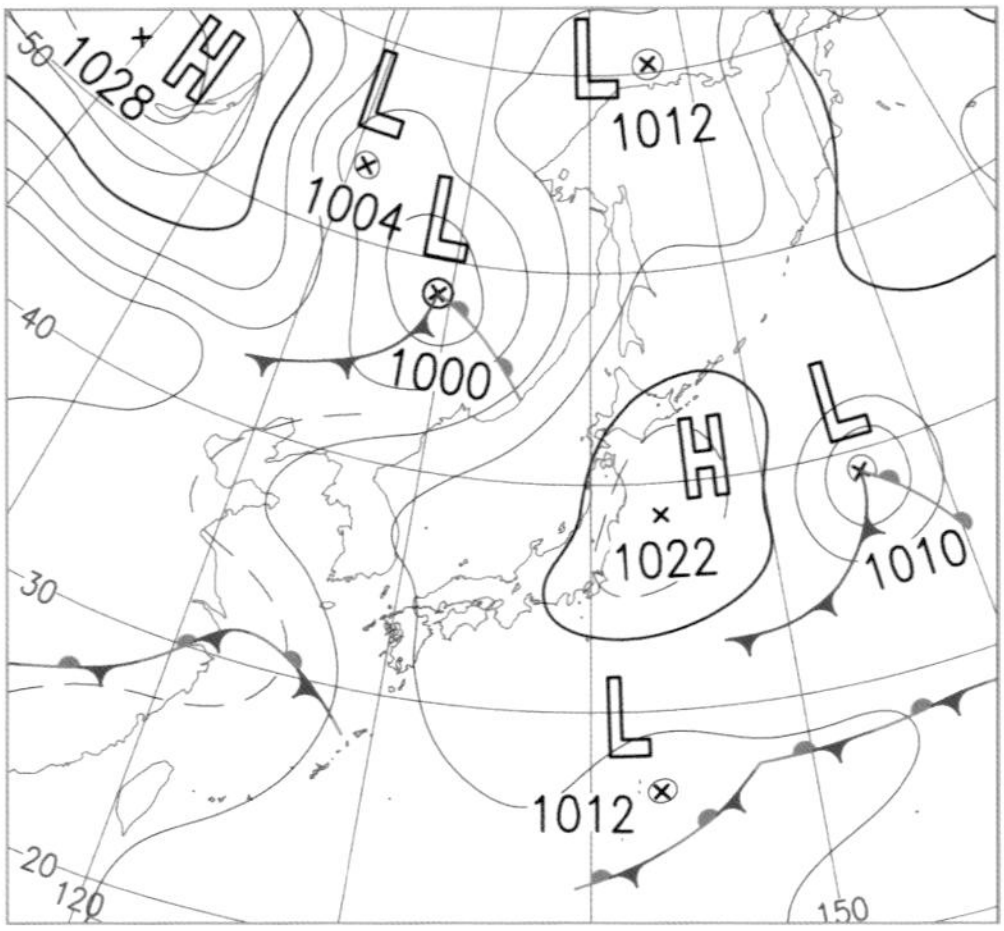

移動性高気圧は東に遠ざかり、四国沖を低気圧が発達しながら東進。西日本では荒れており、東日本でも次第に天気を崩す

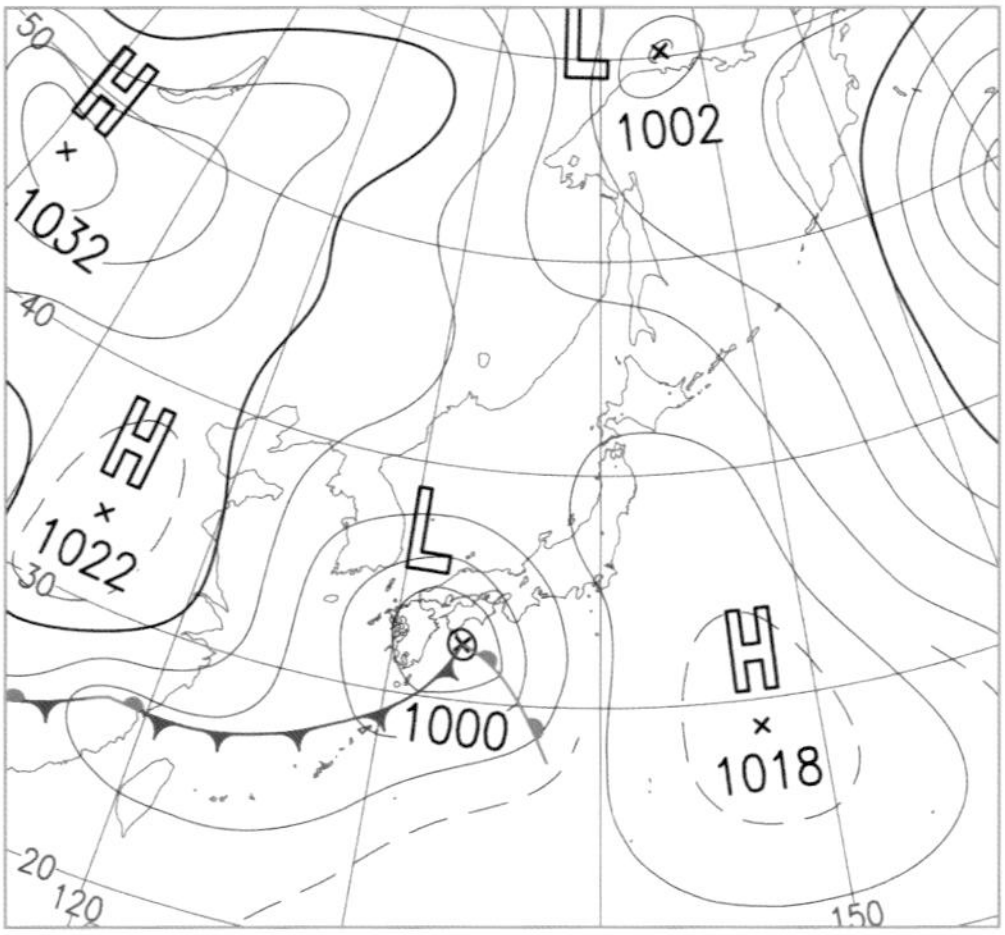

※気象庁ホームページより

低気圧の位置で風向きを予測する

高気圧と低気圧が交互にやってくる春の天気。春のマリンスポーツを考えるとき、特に注目して欲しいのは低気圧で、その通り道によって、地域によって天気に特徴が表れる。

春は偏西風が日本付近を通る。このため日本列島を低気圧が通るのだが、真ん中を通るばかりではない。偏西風が南下すると、低気圧は列島の南側を通る。偏西風が北上すると、低気圧は北側を通る。

そこで**天気図から低気圧が日本列島のどの辺りを通過するかを予測できると、各地の天気が予想しやすくなる。**

Point 春のマリンスポーツの特徴

サーフィン

風によっては条件が整うため、向いている季節。低気圧の接近・通過に伴い波が大きくなる

ヨット

低気圧のルートによる風向きの違いに注意。特に低気圧が日本海を通るときの南風とそれによる波は事故につながる。太平洋側を通れば、北風が吹き、遅れてうねりが高くなることがある

釣り

春の釣りは、魚の活性が良くなり、釣果に期待ができる。ただし、風が強く吹いて海が荒れると、危険な状況となる

北・中央・南で各地の天気が変化

北側を通れば、日本列島の広い範囲で南風が吹きやすくなる。中央を通れば、太平洋側で南風が吹くが、日本海側では北風が吹く。南側を通れば、日本海側は北風。太平洋側は陸風（北風）が吹くために沿岸付近の海は穏やかとなるが、**低気圧が通り過ぎた後に遅れてうねりとなった波が高くなることがあるので注意が必要になる。**

ココに注目！ ヨット

ヨットの原型はアラブで7世紀ころに発明されている。ヨットという名称が歴史に初めて登場するのは、14世紀のオランダ。その後、16世紀にかけてヨーロッパで広がる。英語のyachtはオランダ語の jachtを原語としている。

春一番が吹いた後の海上は荒れる

Point 低気圧が通るのは3ルートある

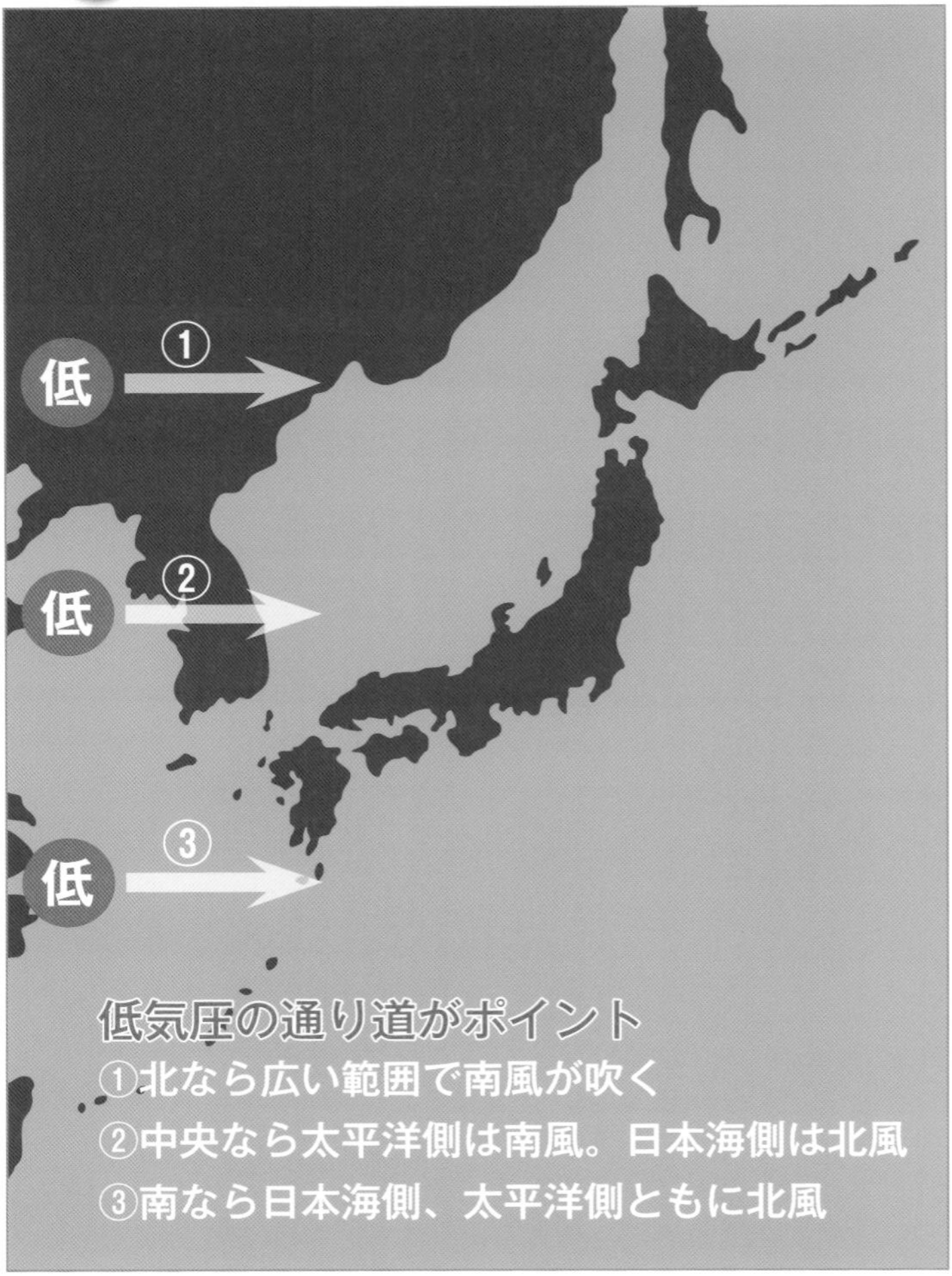
低
①
低
②
低
③
低気圧の通り道がポイント
①北なら広い範囲で南風が吹く
②中央なら太平洋側は南風。日本海側は北風
③南なら日本海側、太平洋側ともに北風

暖かい強い南風が広い範囲で吹く

春と言えば、「春一番」。日本各地で嵐のような生暖かい南風が吹く。突風のような強風も吹くので、マリンスポーツでは注意が必要だ。

春一番には定義がある。**立春（2月4日ごろ）から春分（3月21日ごろ）までであること。広い範囲で、前日よりも暖かく強い南風が吹くこと。風速は秒速8m以上（風速は地域によって若干の違いがある）**とされている。この条件が揃っていて、その年に初めてのものを春一番と呼ぶ。

春一番の要因は、低気圧が発達しながら日本海を北東進すること。低気圧の前面（東～南

Point 春一番でのマリンスポーツは注意する

サーフィン

初心者には不向きな大きな波となる。だが上級者になると、その波を待つこともある

ヨット

漁船でも転覆事故が起きるため、ヨットも事故の危険が高い。低気圧の通り道には細心の注意を払う

側）では南風が吹いている。低気圧が発達しながら通過すると強い南風となる。

春一番という名称から、本格的に温かい春がやってくると思いがちだが、実はそうでもない。低気圧が通過した後は、吹き返しの北風が吹いて、日本海側を中心に海は荒れる。海難事故が起きやすい。また再び西高東低の冬型の気圧配置になるため、日本海側では雨や雪、太平洋側でも寒さが戻る。

ココに注目！ サーフィン

西暦400年頃に古代ポリネシア人が漁の帰りにボートを用いて波に乗るようになったと言われている。ハワイのカメハメハ大王もサーフィンをたしなんでいた。五輪水泳金メダリストのデューク・カハナモクが世界に広げた。

日本列島を梅雨前線が横断する

Point 気団の勢力図に変化が起きる

約1か月間に渡って長雨が続く

6月から7月にかけてのおよそ1か月間、日本列島に前線が停滞して梅雨入りとなる。梅雨の間は、長雨が続く。雨が止んでもすっきりしない天気のことが多い。

雨を降らせるのは、梅雨前線という停滞前線。南の暖かく湿潤な小笠原気団と、北の冷たく湿潤なオホーツク海気団の勢力が拮抗するため、ちょうど日本列島を横断するように前線ができる。

冬の間に勢力が強かったシベリア気団の勢力は、夏になって弱くなる。代わりに**小笠原気団の勢力が徐々に強くなって南から張り出しくる。このため梅雨**

Point 梅雨前線が停滞したときの天気図

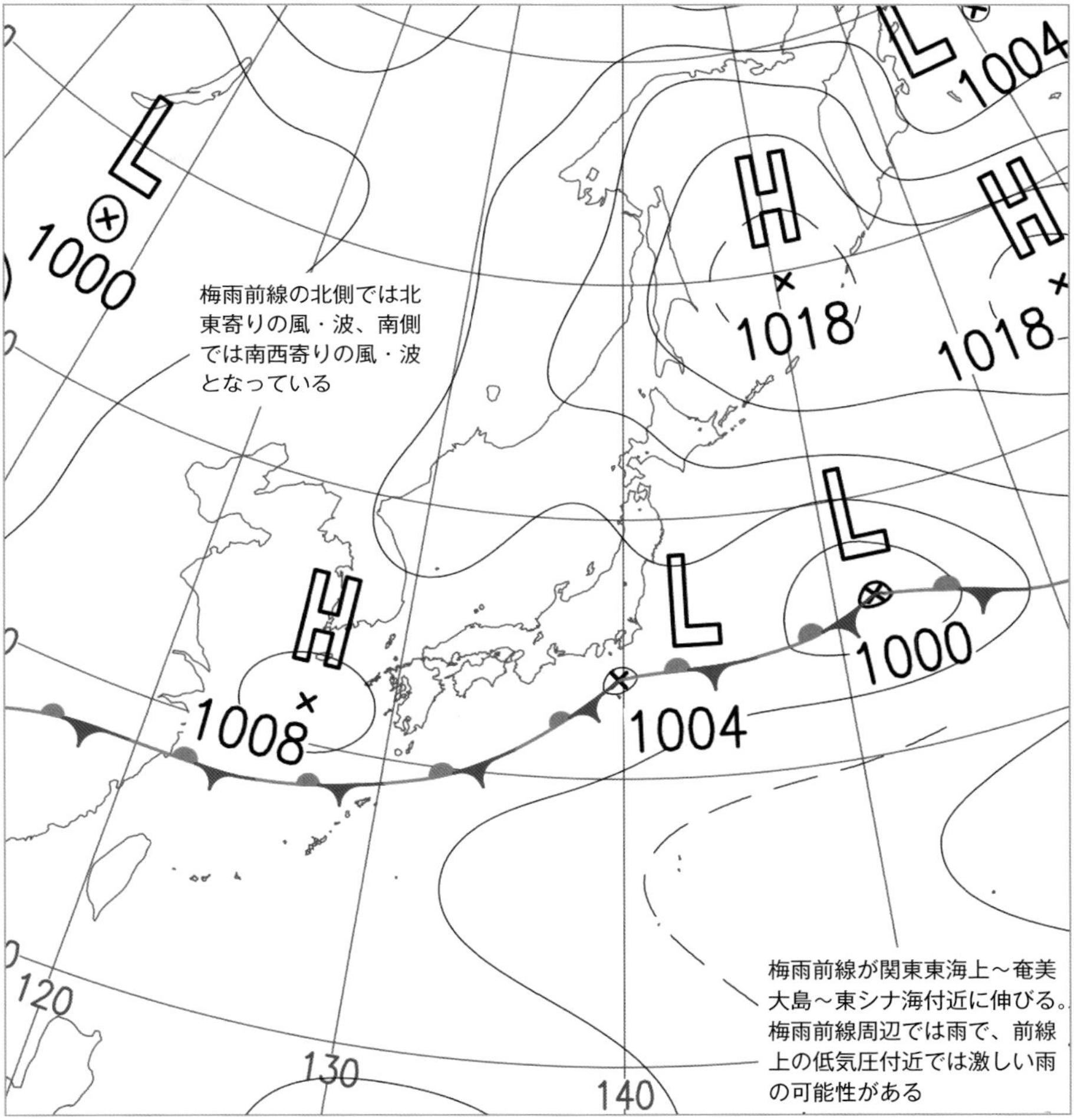
L
1004
H
L
1000
H
1018
H
1018
梅雨前線の北側では北東寄りの風・波、南側では南西寄りの風・波となっている
L
L
H
1000
1008
1004
梅雨前線が関東東海上～奄美大島～東シナ海付近に伸びる。梅雨前線周辺では雨で、前線上の低気圧付近では激しい雨の可能性がある
120
130
140

※気象庁ホームページより

入りするのは基本的に南の沖縄から。梅雨前線は北上しながら、東北まで進む。抜けたところから梅雨明けとなる。ただし北海道には梅雨はない。梅雨が明けると、蒸し暑く高温の盛夏がやってくる。

梅雨前線ほどはっきりとではないが、逆の現象が秋にも起こる。つまりオホーツク海気団が勢力を強め、小笠原気団が勢力を弱めることによる停滞前線。これを秋雨前線という。

ココに注目!

蝦夷梅雨《えぞつゆ》

北海道に梅雨はないが、年によっては2週間ほど雨が続く。蝦夷梅雨と呼ばれ、オホーツク海気団からの冷湿な北東風によって発生。この冷たい風によって続く低温を「リラ冷え」という。リラとはこの時期に咲くライラック。

魚が活性するため釣りには向いている

Point 梅雨前線の位置に注目しよう

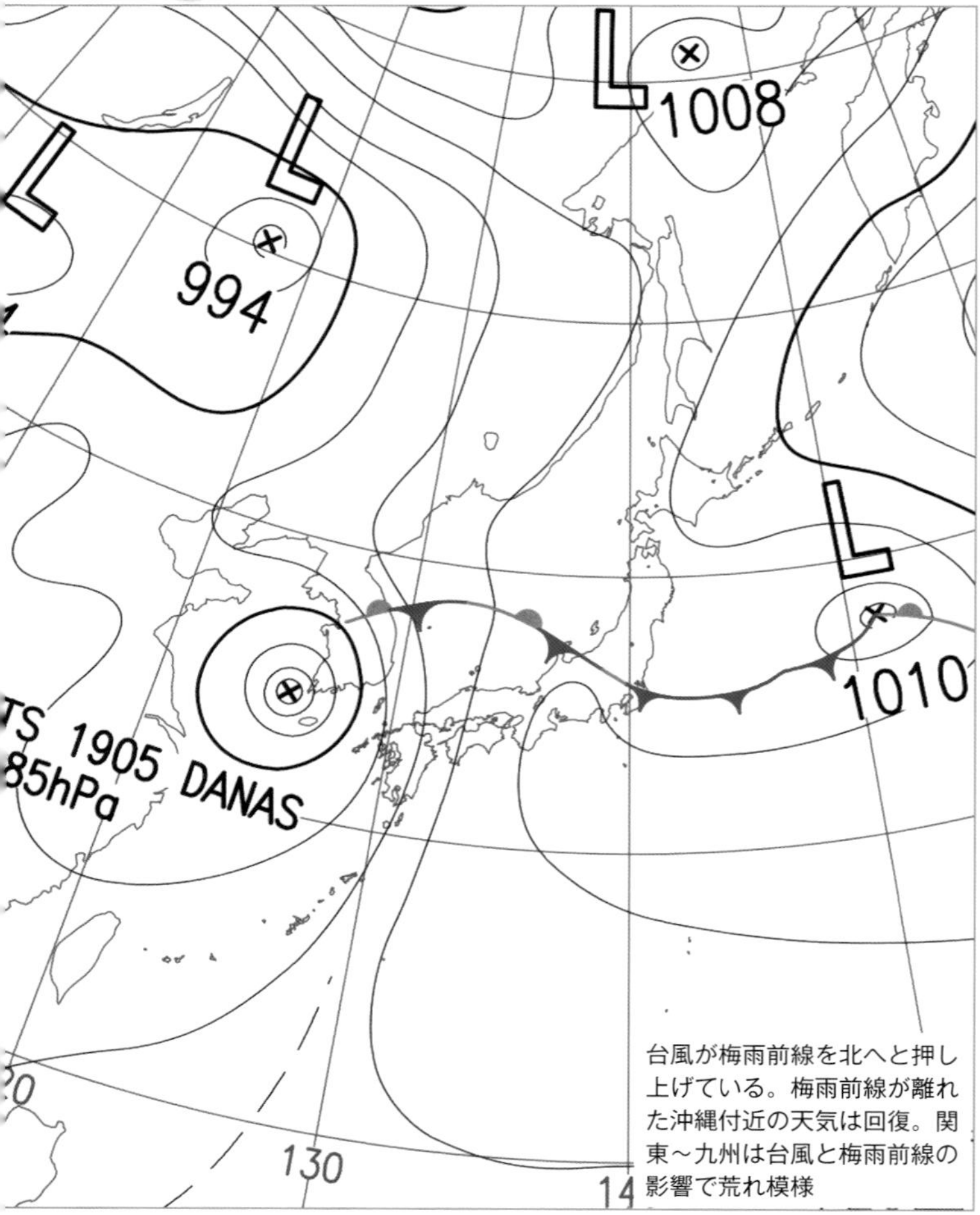

台風が梅雨前線を北へと押し上げている。梅雨前線が離れた沖縄付近の天気は回復。関東～九州は台風と梅雨前線の影響で荒れ模様

※気象庁ホームページより

梅雨前線の動きを見ながら計画を

梅雨の時期は、とにかく雨が多くてジメジメしている印象がある。しかし実際に降水が確認できるのは、梅雨時期の半分程度。その間には晴れ間も見られる。

梅雨前線というと、一度居座ったものが梅雨の間中留まり続けると思いがちだが、実は前線は梅雨の期間中に南北へと移動したり、発生して消滅したりということを繰り返す。このため気圧配置図の梅雨前線の位置を見れば天気を予測しやすい。

梅雨前線が南に離れていると、乾いた晴れ間が見られる。梅雨前線がある地域では、もちろん雨が降る。そして北へ抜けると

梅雨の時期の釣りは釣果が期待できる

釣り

適度な風・波・雨により若干荒れている。空気の混ざった海水（さらし）ができるため、魚の活性は上向く

ウィンドサーフィン

強くもなく、弱くもない、適度な風が吹いている。上級者には物足りないものの、十分に楽しむことができる

真夏に近いジメジメした晴れになる。

雨で魚は活性する 釣りに向いている

梅雨のマリンスポーツとしては、釣りには悪くない季節と言える。**雨が海面に当たることで、空気が混ざり合う。これが魚の活性を上げるため、釣果が期待**できる。

一方でサーフィンやヨットなどにはあまり向いていない。南から吹く風が比較的に穏やかなため、波は高くなりにくい。

ココに注目！ ウィンドサーフィン

ヨットとサーフィンを融合・発展させたスポーツ。1960年代にアメリカのカリフォルニアで発案・試乗された。初めは「ボードセイリング」という名称であったが、2005年に「ウィンドサーフィン」が正式名称となった。

小笠原気団の勢力が強く蒸し暑い

Point 小笠原気団が日本列島を覆う

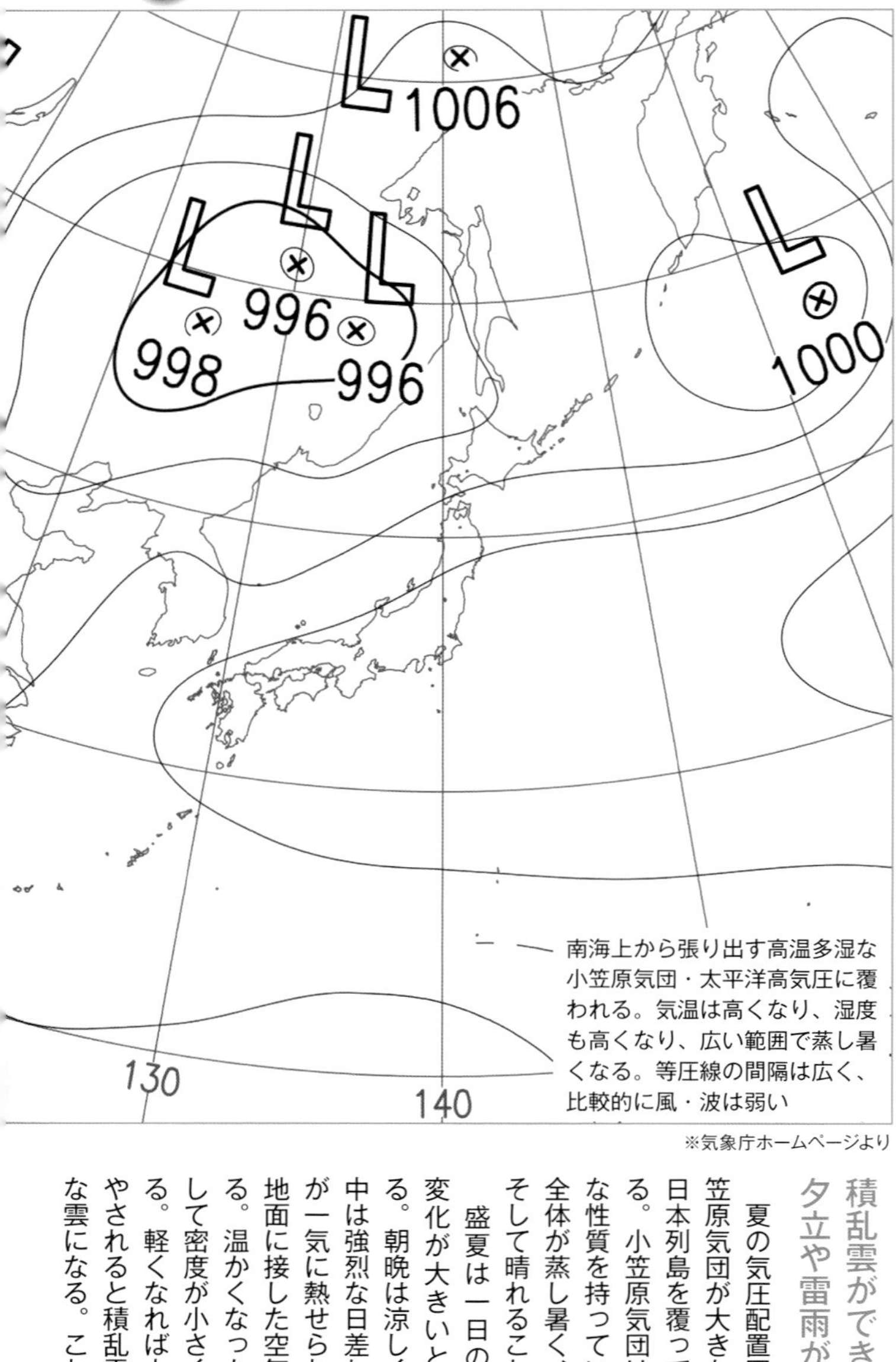
1006
996
998
996
1000
130
140
南海上から張り出す高温多湿な小笠原気団・太平洋高気圧に覆われる。気温は高くなり、湿度も高くなり、広い範囲で蒸し暑くなる。等圧線の間隔は広く、比較的に風・波は弱い

※気象庁ホームページより

積乱雲ができやすく夕立や雷雨がある

夏の気圧配置図を見ると、小笠原気団が大きな勢力を誇り、日本列島を覆っているのがわかる。小笠原気団は、温かく湿潤な性質を持っているので、日本全体が蒸し暑く、高温になる。そして晴れることが多い。

盛夏は一日の中での気象の変化が大きいという特徴もある。朝晩は涼しくなっても、日中は強烈な日差しによって地面が一気に熱せられる。暖まった地面に接した空気塊も温かくなる。温かくなった空気塊は膨張して密度が小さくなり、軽くなる。軽くなれば上昇。上空で冷やされると積乱雲のような大きな雲になる。これが夕立や雷を

Point 積乱雲ができやすい夏の天気

盛夏時に、水蒸気を多く含んだ空気が、強い日差しによって温められて上昇することによって発生する。金床雲や入道雲とも呼ばれる
積乱雲の特徴
・良く晴れた日の午後に発生することが多い
・落雷や短時間降雨をもたらすことが多い

引き起こす。

山は平地よりも表面積が広い。ということは暖められる面積も広く、接している空気も暖まりやすくて上昇流も発生しやすく、積乱雲が生じやすい。

一方でアスファルトに覆われた街中では、近年ヒートアイランド現象が問題になっている。街中は木々や草の少なく、ビルや道路はアスファルトやコンクリート。土と違って水分を含まないアスファルトやコンクリートは熱しやすく、局地的な集中豪雨を降らせる。

ココに注目！ ヒートアイランド現象

都市の気温が周囲よりも高くなる現象。気温分布図を描くと、高温域が都市を中心に島のような形状に分布することから、このように呼ばれる。熱中症や、感染症を媒介する蚊の越冬といった生態系の変化が懸念されている。

海水浴にはもってこいの季節が夏

Point 日本の夏の気象のポイント

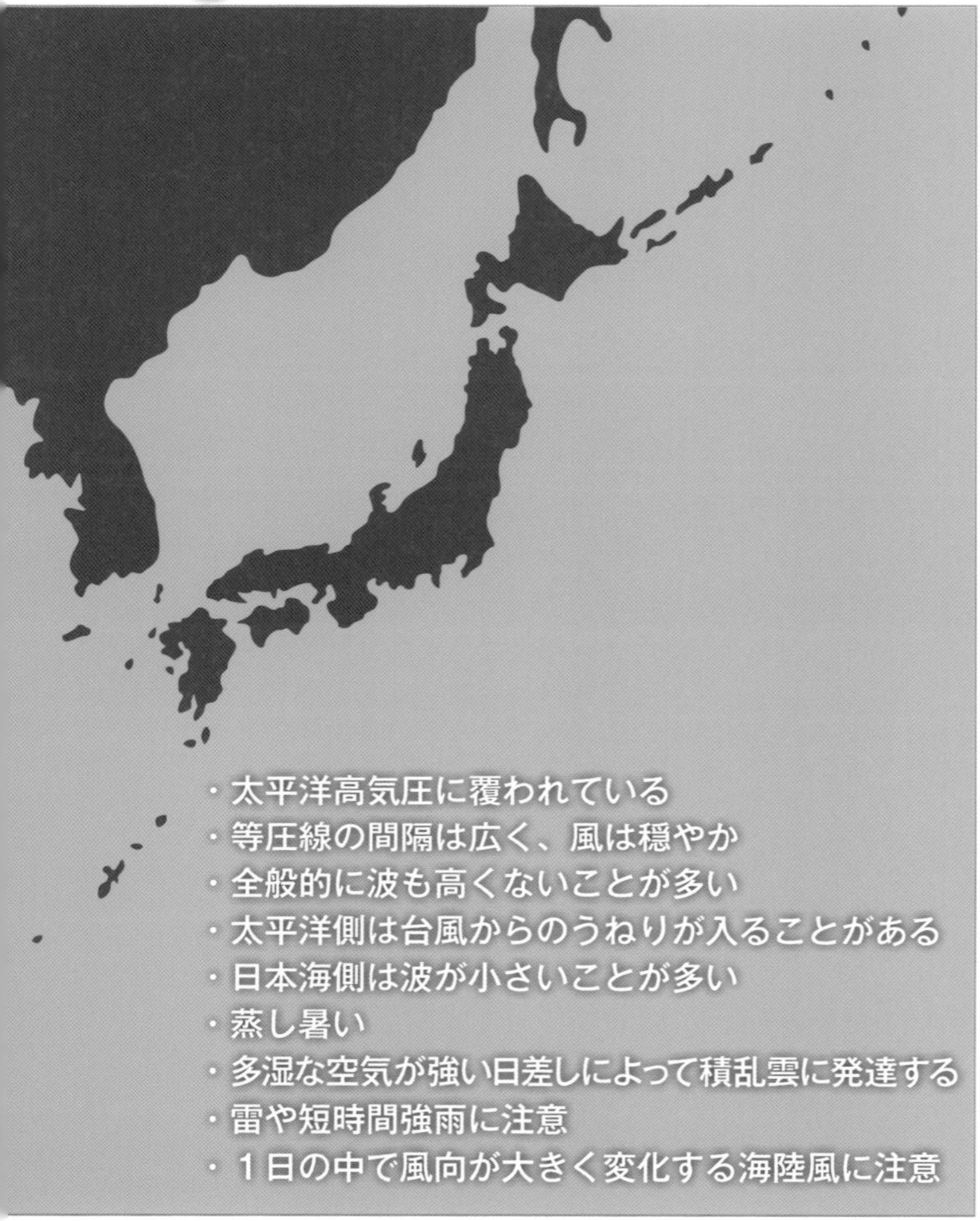

・太平洋高気圧に覆われている
・等圧線の間隔は広く、風は穏やか
・全般的に波も高くないことが多い
・太平洋側は台風からのうねりが入ることがある
・日本海側は波が小さいことが多い
・蒸し暑い
・多湿な空気が強い日差しによって積乱雲に発達する
・雷や短時間強雨に注意
・１日の中で風向が大きく変化する海陸風に注意

１日中で変化が大きいのが特徴

夏のマリンスポーツと言えば、なんといっても海水浴だ。真夏は他のマリンスポーツにはあまり向かないこともあって、なおさら海水浴一色となる。

朝、昼、夜の気象がコロコロと変化するために、海難事故が起きやすいのも夏だ。

高気圧に覆われているため、午前中は晴れて、陸風が吹き、波も穏やか。ところが午後になって海風が吹き始めると、波ができる条件である「強風」を満たすため、急な高波にさらわれることがある。

海風はウィンドサーフィンやヨットを楽しむには向いている。しかし日が傾き始めると、**夕凪**

真夏は午後になると強風になる傾向

海水浴

気候的にはピッタリの季節。ただし海水浴中の事故は毎年多い。万が一のときの心と道具の準備をしておく

ヨット
ウィンドサーフィン

高気圧に覆われていると、風は穏やかで波が立たないため、向かない。ただし午後になって吹く海風を狙うことはある

釣り

海水温が上がる夏場は、魚も夏バテをして活性は下がる。夏でも釣れる魚種は限られる。釣り竿は雷を引き寄せるので、雷音を聞いたら竿は出さない

で風がピタリと止まり、沖に取り残されかねないので注意が必要だ。

また水は電気を通すため、泳ぎに自信があるようなマリンスポーツ上級者でも、雷によって感電し、おぼれる事故がある。

雷を予測するとき、海水の温度変化に注意をしよう。山で雨が降っていると、河口から急に冷たい水が流れてくることがある。そんなときは、遅れて雷が平地でも起きる前兆と捉えられる。

ココに注目！

ライフセービング

ヨーロッパを発祥とする救助、蘇生、応急処置のことだが、日本では水辺における人命救助･事故防止のボランティア活動を指すことが多い。ライフセービングで最も重要なのは、救助活動ではなく、事故を防止すること。

南洋にある台風によるうねりが日本にも届く

Point 日本付近の高気圧と台風の進路例

夏場は太平洋高気圧に抑えられて、台風は日本付近に近づかずに大陸に向けて進むことが多い。ただし、北緯20度付近にまで北上してくると、日本の太平洋側に台風からのうねりが届くことが多い
高
北緯20度ライン
台
・南に台風があるときは注意
・日本には来ないけど波は来る

晩夏に来る土用波も台風の影響による

台風は秋のイメージがあるが、実は赤道付近では1年中発生している。12月に発生することもあるし、1月にその年の第1号が発生することもある。このため日本が進路に入る秋以外でも、太平洋側に台風による波が到達することがある。

南にある台風によってサーフィンに適した波が日本に来るのは、ある程度発達したものであるのが条件になる。発達した台風は、**波が発生する3つの条件、風が強いこと、風が長い距離に渡って吹くこと、風が長い時間吹くこと、のすべてを満たす。**また、日本付近が高気圧に覆われていると、風は弱くてうねり

Point 台風が生み出したうねりを利用できるサーフィン

サーフィン

南にある台風が生み出したうねりを利用できる。台風は日本ではなく西へ抜けても、うねりは２～３日残ることがある。日本の東を抜けたときは、東日本の特に茨城や千葉などには、通過後もうねりが入り続ける

釣り

南洋にある台風による土用波に注意。一見穏やかに見える海でも、突然の大波が来ることがある

だけが入るとなり、理想的だ。

南の台風が土用波をもたらす

晩夏には、穏やかな海に突然大きな波が押し寄せることがある。昔から土用波と呼ばれていた波。これも南洋にある台風の影響である。

もちろん秋になれば、**日本列島は台風の進路となる**。台風が近づけば、海は大荒れ。どんなマリンスポーツもできない。

ココに注目！ 最も早い・遅い台風

2024年1月現在、観測・統計史上最も早く発生した台風は2019年の台風1号で、元日1月1日に発生。一方、最も遅くに発生した台風は2000年の台風23号で、大みそか前日の12月30日に発生している。

台風以外は春とよく似ている

Point 秋は日本列島が台風の通り道になる

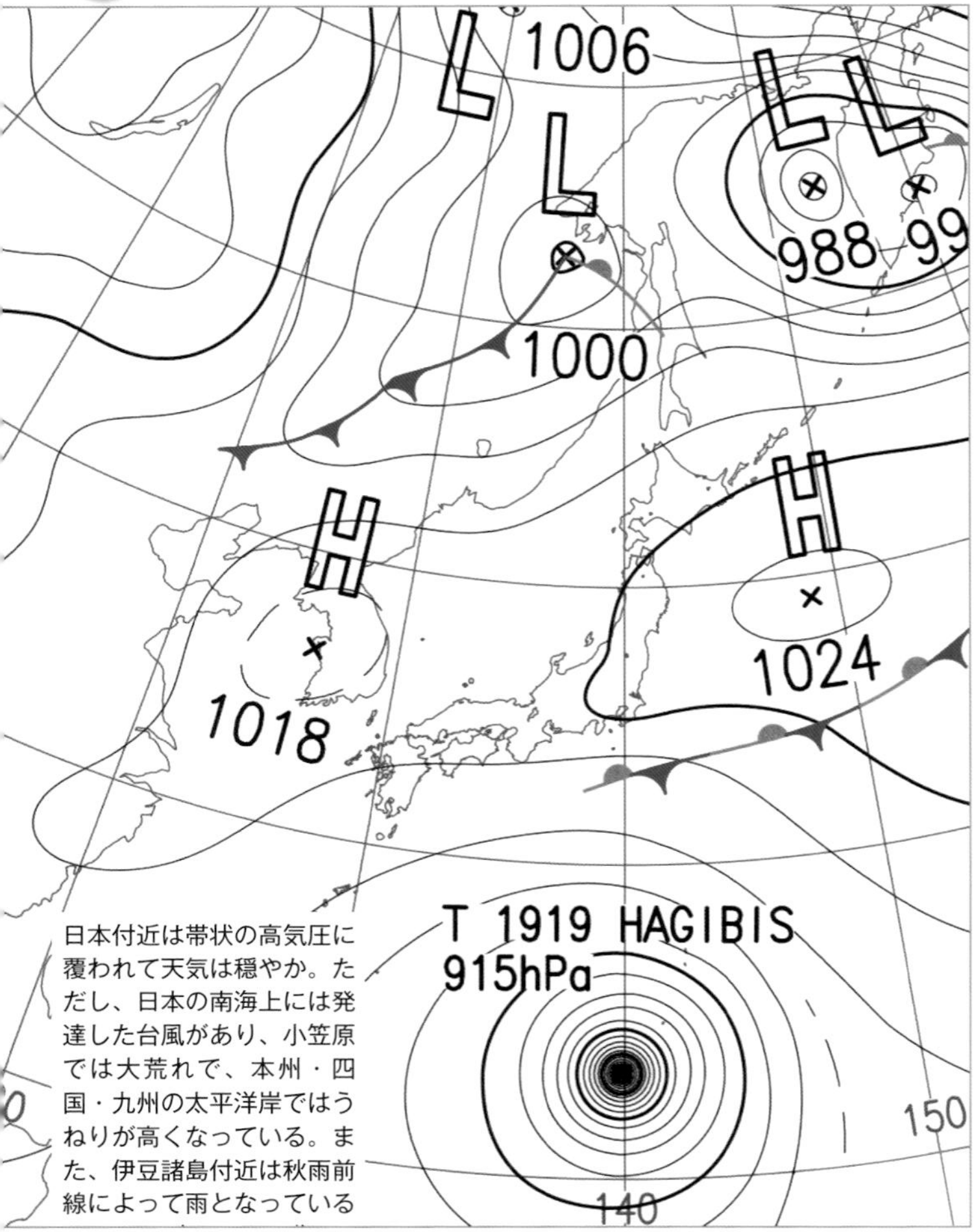

日本付近は帯状の高気圧に覆われて天気は穏やか。ただし、日本の南海上には発達した台風があり、小笠原では大荒れで、本州・四国・九州の太平洋岸ではうねりが高くなっている。また、伊豆諸島付近は秋雨前線によって雨となっている

※気象庁ホームページより

秋雨前線と台風による集中豪雨に注意

秋の気圧配置図を見ると、春とよく似ているのがわかる。夏の間勢力が強かった小笠原気団が弱まり、北にあるオホーツク海気団や大陸のシベリア気団が南へせり出してくる。また、北上していた偏西風が南下してくる。これによって、日本列島は春と同じように高気圧と低気圧の通り道となり、天気の良い日と悪い日を数日周期で繰り返す。

また秋雨前線と呼ばれる停滞前線が、北から南下する。梅雨前線が南から、秋雨前線が北からという違いはあるが、両者はほぼ同じ。ただしどちらかというと梅雨前線の方がはっきりと長期に渡って雨を降らせる。秋

Point 秋雨前線と台風がセットになると集中豪雨に

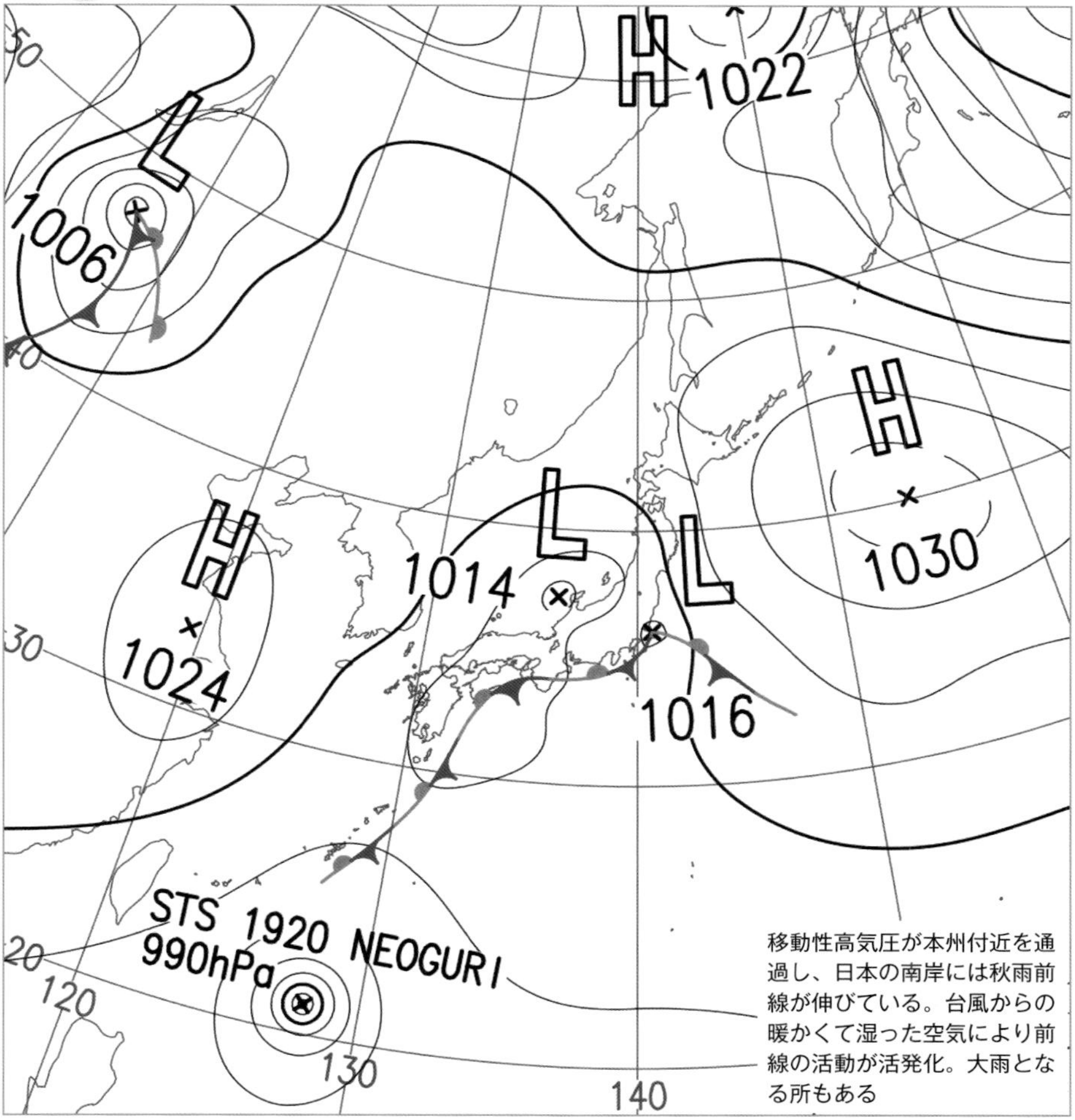

移動性高気圧が本州付近を通過し、日本の南岸には秋雨前線が伸びている。台風からの暖かくて湿った空気により前線の活動が活発化。大雨となる所もある

※気象庁ホームページより

雨前線が通過した地域は、それまでの夏の空気が一変して一気に秋らしくなる。

秋は日本列島が台風の通り道になる。これは小笠原気団のへりがちょうど日本列島と重なるため、これに沿うように北上してきやすくなるのだ。

秋雨前線が日本列島にあるときに、台風がやって来ると、集中豪雨にも注意。これは北には冷たく湿潤な空気があり、南からは台風が持ち込む温かく湿った空気がやってきてぶつかり合い秋雨前線が活発になるためだ。

ココに注目！ 移動性高気圧

移動していく高気圧のこと。低気圧と対になって現れることが多い。直径の平均は1000km。移動しない高気圧のことを「停滞性高気圧」ともいう。なお、低気圧は基本的に移動性なので、「移動性低気圧」と呼ぶことは少ない。

低気圧や台風のうねりを利用する

Point 台風の進路に注目しよう

台風によって大きな波が立つ。ただし、台風が接近すると、波は大きくなりすぎ、風も強くなってしまい、サーフィンは厳しくなる
台風の移動に伴い、刻々と状況は変化するので、台風の進路予想は常に確認しなければならない
台

天気と波を読んで波を楽しめる時期

秋は高気圧と低気圧が交互に日本列島を通過する。低気圧が通過するときの波を利用して、サーフィンなどを楽しむことができる。

一方で高気圧に覆われると、穏やかな晴天となる。秋晴れと呼ばれる空の高い済んだ青空はイメージしやすいだろう。

台風の進路予想から波を見極める

秋は台風が日本列島に接近・通過することも多くなる。**台風が南にあるときのうねりによるサーフィンなどに適した波が期待できる。**はるか南海上で発生した台風が、日本列島の南の北

Point 秋は上級サーファーに適した波がくる

太平洋高気圧が張り出しを弱めるため、台風は日本付近に向けて北上することが多くなる

台風の接近前は、風が弱くて「うねり」のみが入り、サーフィンにとっては絶好のコンディションとなる

緯20度付近にまで北上すると、日本に台風によるうねりが届き始める。これが台風がフィリピンや大陸に向けて西進すると、日本へはうねりは届かないことが多い。10月を過ぎると、海水温が下がるため台風が発生・発達しづらくなり、波はあまり期待できない。

秋が深まってくると、海水温が下がるため、夏バテしていた魚の活性が戻る。秋から冬にかけては釣れる魚も多く、ハイシーズンへと入る。

ココに注目! 台風の平年値

気象庁では10年おきに過去30年の台風の平年値を発表する。1981年～2020年の平均は、台風の発生数25.1個、接近数11.7個、上陸数3個だった。なお、上陸とは台風の中心が北海道、本州、四国、九州の海岸線に達したもの。

西高東低になると冬らしい寒さと北風が吹く

Point 西高東低は冬の典型的な気圧配置

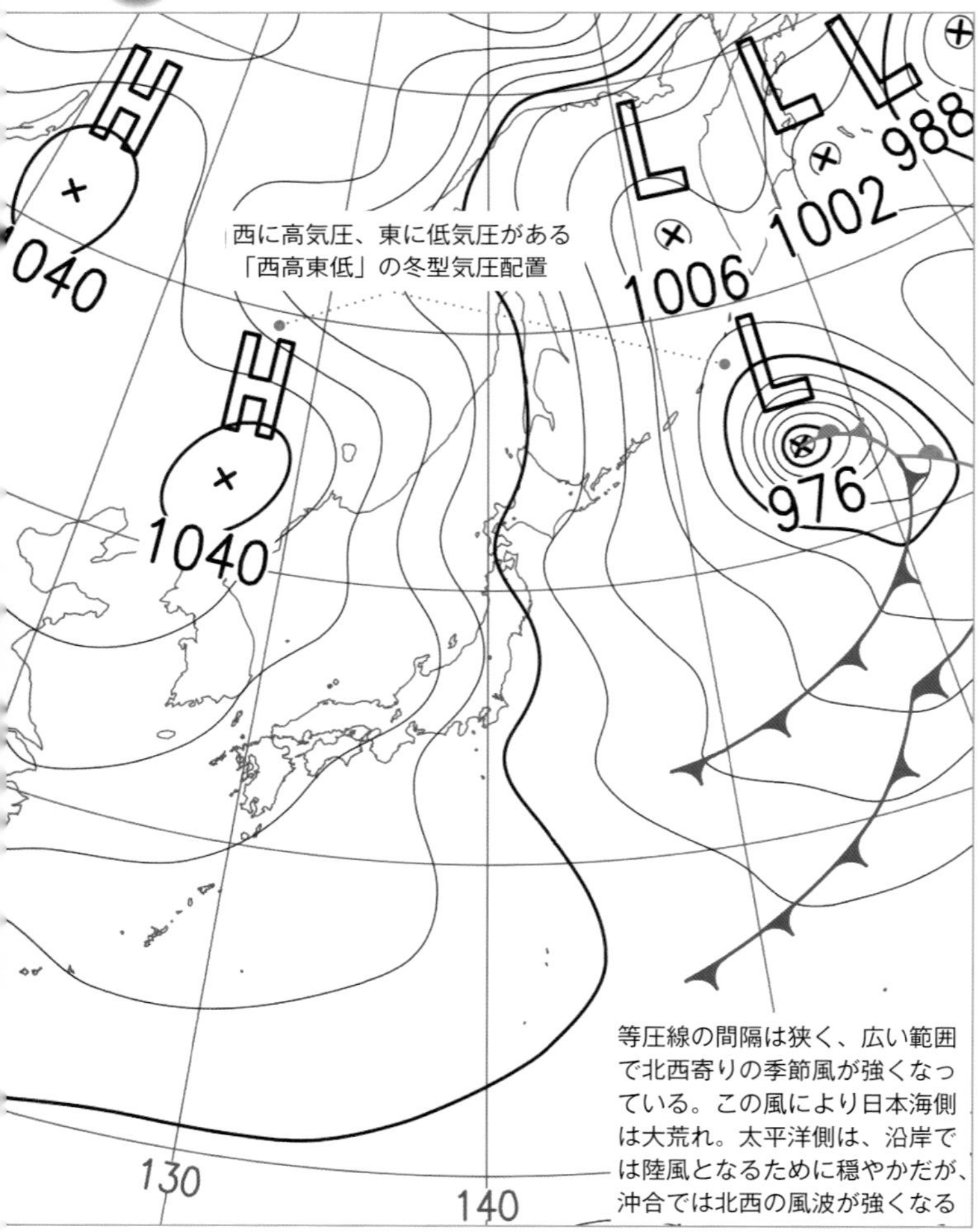
H
H
L
L
L
L
1040
1040
1006
1002
988
976
130
140
西に高気圧、東に低気圧がある「西高東低」の冬型気圧配置
等圧線の間隔は狭く、広い範囲で北西寄りの季節風が強くなっている。この風により日本海側は大荒れ。太平洋側は、沿岸では陸風となるために穏やかだが、沖合では北西の風波が強くなる

※気象庁ホームページより

日本海側は雨や雪　太平洋側は乾燥する

冬の典型的な気圧配置に、西高東低というものがある。**西の大陸に高気圧があり、オホーツク海～アリューシャン列島付近に低気圧がある状態。**大陸の高気圧からは、北～西の冷たい風が吹き出す。この風が、日本海・太平洋の上を東～南へと通過して東の低気圧に流れ込む。海からの水蒸気によって湿った空気を吸い込んだ低気圧は、さらに発達する。

一時的に高気圧の勢力が弱まると、北～西風も収まり、東の低気圧も弱まる。冬期はこうしたサイクルを繰り返すのが一般的だ。

Point 北西の季節風が日本海側や豪雪地帯で雪をもたらす

北西の季節風が日本海側に雪や冷たい雨をもたらす。新潟や山形などの豪雪地帯では大雪となる。北海道には世界的に有名となったパウダースノーがもたらされる。一方、太平洋側は山越えした乾燥した北西風となり、晴れることが多い。また、北海道のオホーツク海では流氷が見られるようになる

乾燥する地域と雪や雨が降る地域

北～西風は日本海側に荒れた波を届ける。またこの風は乾燥しているが、日本海を通るときに水蒸気の補給を受け、日本列島を縦断している山脈にぶつかって雪や雨を降らせる。秋田や山形、北信越や中国地方の鳥取や島根で雪が多いのはこのためだ。

北～西風が山を越えると乾燥状態になる。このため太平洋側では空っ風という冷たく乾いた風が吹く。

ココに注目！ シベリア気団

秋から冬にかけてシベリアの大陸上に居座る低温で乾燥した気団。ヒマラヤ山脈に遮られ、冬期に北極圏で寒気が蓄積していく。寒気の密度は大きくて高気圧を形成する。溜まった寒気が北西風として日本付近に吹き出される。

海水は澄むためスキューバダイビングに最適

Point 日本海は荒れて太平洋側は波・風ともに穏やか

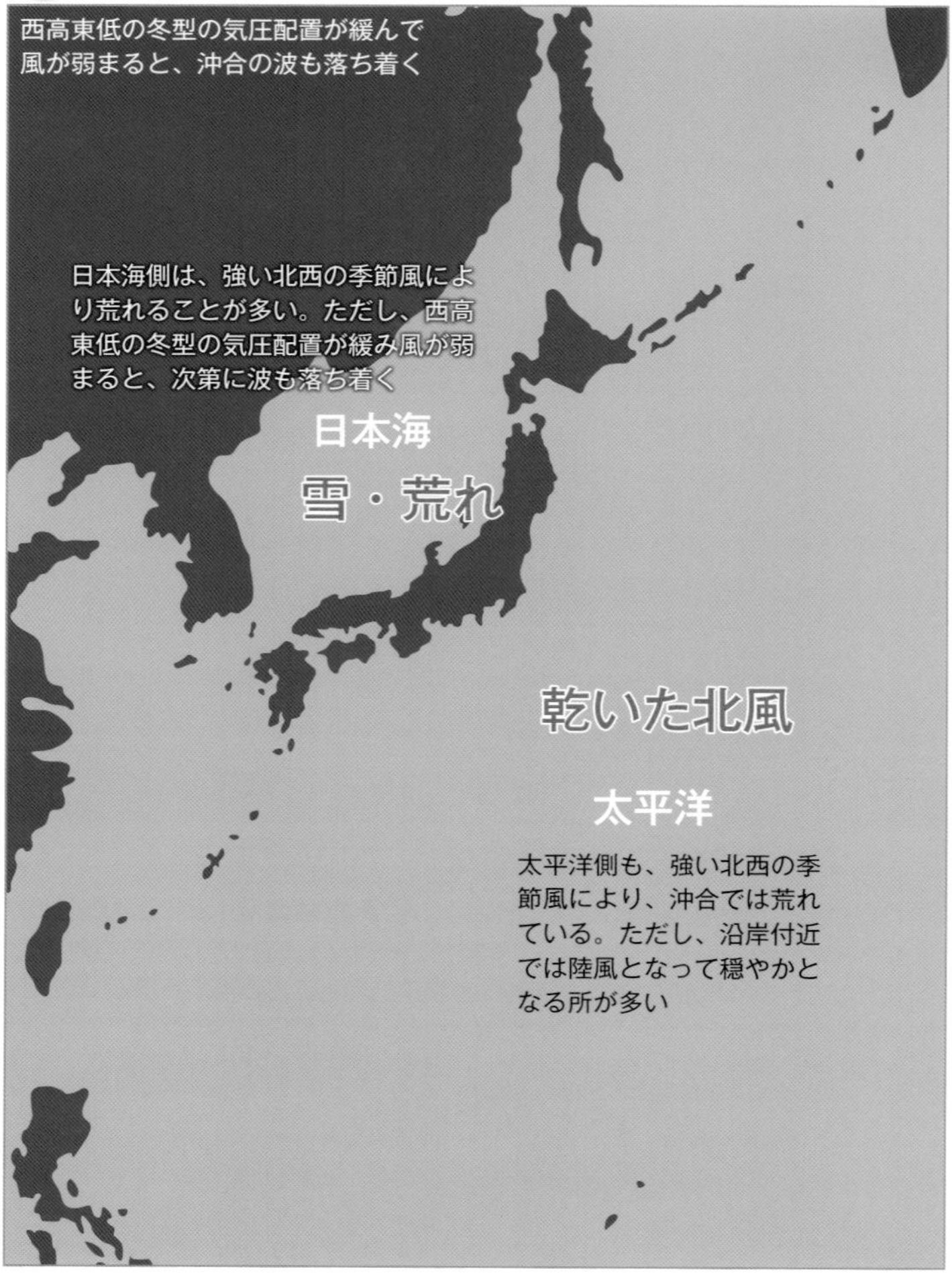
西高東低の冬型の気圧配置が緩んで
風が弱まると、沖合の波も落ち着く
日本海側は、強い北西の季節風により荒れることが多い。ただし、西高東低の冬型の気圧配置が緩み風が弱まると、次第に波も落ち着く
日本海
雪・荒れ
乾いた北風
太平洋
太平洋側も、強い北西の季節風により、沖合では荒れている。ただし、沿岸付近では陸風となって穏やかとなる所が多い

ピンポイントで楽しめるスポットが多数ある

冬は日光が弱いため、海中のプランクトンが育ちにくい。プランクトンが少なければ、海水を濁らせることがないため、透明度が高くなる。このため冬はスキューバダイビングに適したシーズンだ。海水が住んでいるため、海底の美しさを存分に楽しめる。

冬型の気圧配置が緩んで日本列島が高気圧に覆われると、日本海側では荒れた波が徐々に落ち着きサーフィンに適した状態になる。反対に**太平洋側は、風・波ともに穏やかとなり、スキューバダイビング以外のマリンスポーツにはあまり向かない。**

Point 海底の美しさを存分に楽しめる冬の海

季節による水温の変化は気温ほど大きくはないので、本州であっても保護スーツを着用すれば潜るのは問題なし。冬にしか出会えない生物がいることもある

冬は日差しが弱まるために、海中の植物プランクトンが成長することができなくなり、海中の透明度が高くなる

御前崎や千葉・茨城に絶好の波が届く

冬型の気圧配置が強まると、静岡県の御前崎ではウィンドサーフィンの上級者には絶好の風が吹く。若狭湾～琵琶湖～伊勢湾と抜けた北西の季節風が、遠州灘で強い西風となる。

オホーツク海～アリューシャン列島付近にある低気圧の北～西側では、強い北～東風が吹き、北東からの波が発達する。千葉や茨城では、サーフィンに適したうねりが届くことがある。

ココに注目！ スキューバダイビング

スキューバとはフランスの海洋学者ジャック＝イヴ・クストーらが発明した自給気式水中呼吸装置のこと。息をこらえて行う潜水をフリーダイビング、地上からホースで空気を供給する潜水を送気式潜水と呼ぶ。

COLUMN

雷の基礎知識③

雷が梅雨明けの合図

雷というと真夏の夕方というイメージがある。盛夏の強い太陽光によって地面が暖められ、地表付近の空気密度が低くなると上昇流となる。

また太平洋上の小笠原気団の勢力が強く、日本列島が覆われていることも大きな要因だ。小笠原気団は、暖かく湿っているので水蒸気量は多い。巨大な積乱雲を形成する条件が揃っているのだ。

だが同じように湿度が高く、晴天時の日差しも強い梅雨時期にはあまり発生しない。梅雨明けと雷現象を逆にとらえて「雷が鳴ると梅雨が明ける」と言われることもある。

雷について３つのコラムで詳しく説明したが、それくらい注意が必要だ。雷注意報が出ているときは、マリンスポーツは控える。雷光が見えたり、雷鳴が聞こえたら、建物や自動車に避難する。こうしたことを守って、マリンスポーツを楽しもう。

4章

潮と海の危険

海は楽しいが、危険も潜んでいる。雷や突風などでも海の事故がおきる。
事故が生命につながることもある。すべてのマリンスポーツにおいて、
安全に海を楽しむには海の危険を知っておくことが必要不可欠だ。
また、潮の動きや仕組みも重要だ。潮を知ることにより、
海を楽しむこともできれば、海の危険を防ぐこともできる。

月の引力によって海面が引き寄せられる

Point 海水も月の引力を受ける

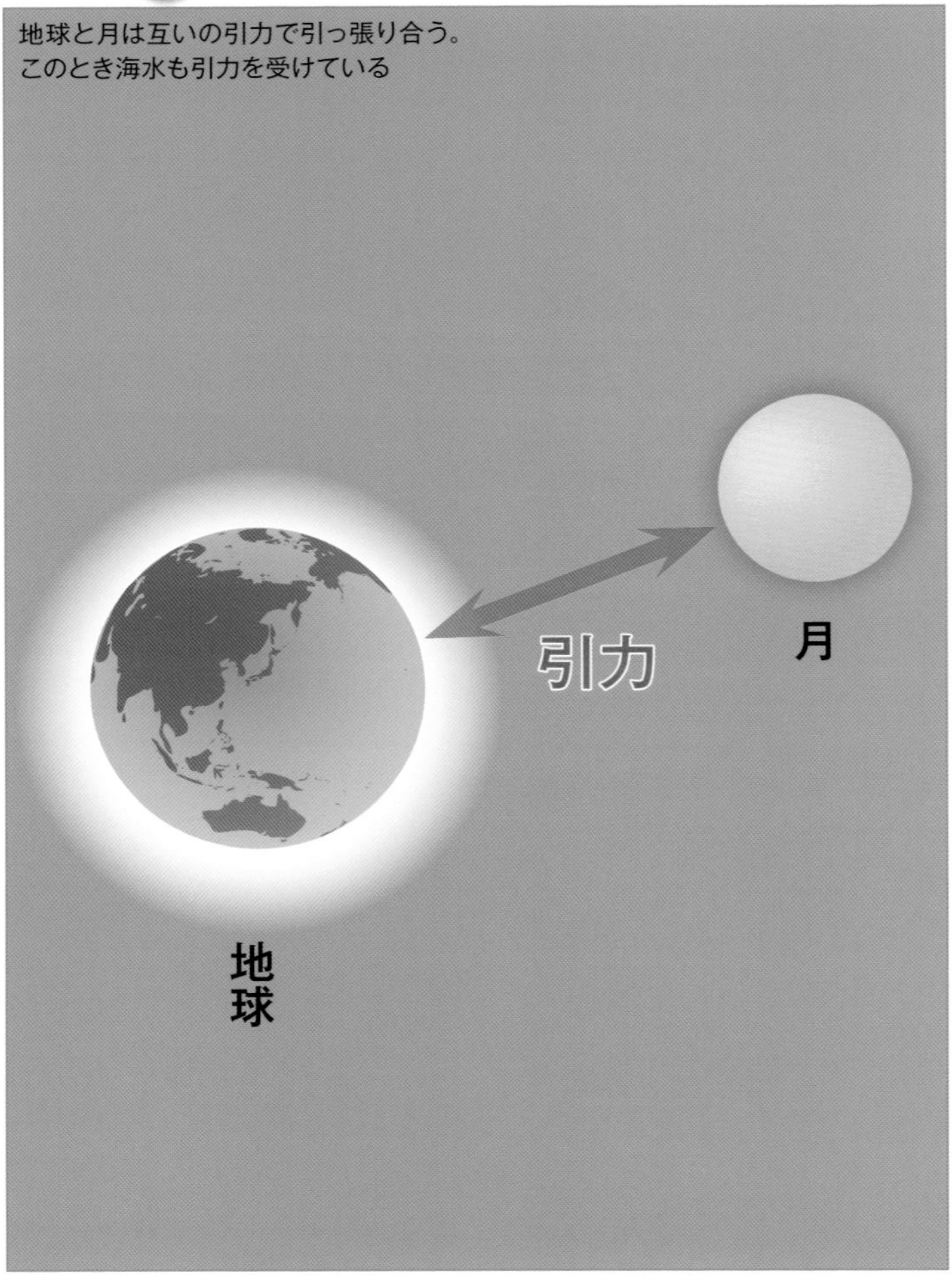

地球と月は互いの引力で引っ張り合う。
このとき海水も引力を受けている

4つのサイクルを正確に繰り返す

地球の表面を覆っている海水は、月や太陽の引力によって引っ張られる。特に月が海水を引っ張る力は、太陽の引っ張る力の倍だ。**月の引力によって海面が上昇するのが満潮である**。このとき地球の反対側では、遠心力によって同じように海面が盛り上がる。一方で**月から90度の位置の位置にくる地域では、海面が低くなる。これが干潮だ**。

月は地球の周りを1日に1回転している。これによって潮も1日で干潮→満潮→干潮→満潮と4つのサイクルを繰り返す。これが潮の満ち引きの仕組みだ。

また、太陽の引力が月の引力と重なると潮の動きが大きい大

月に近い側の海面が上昇する

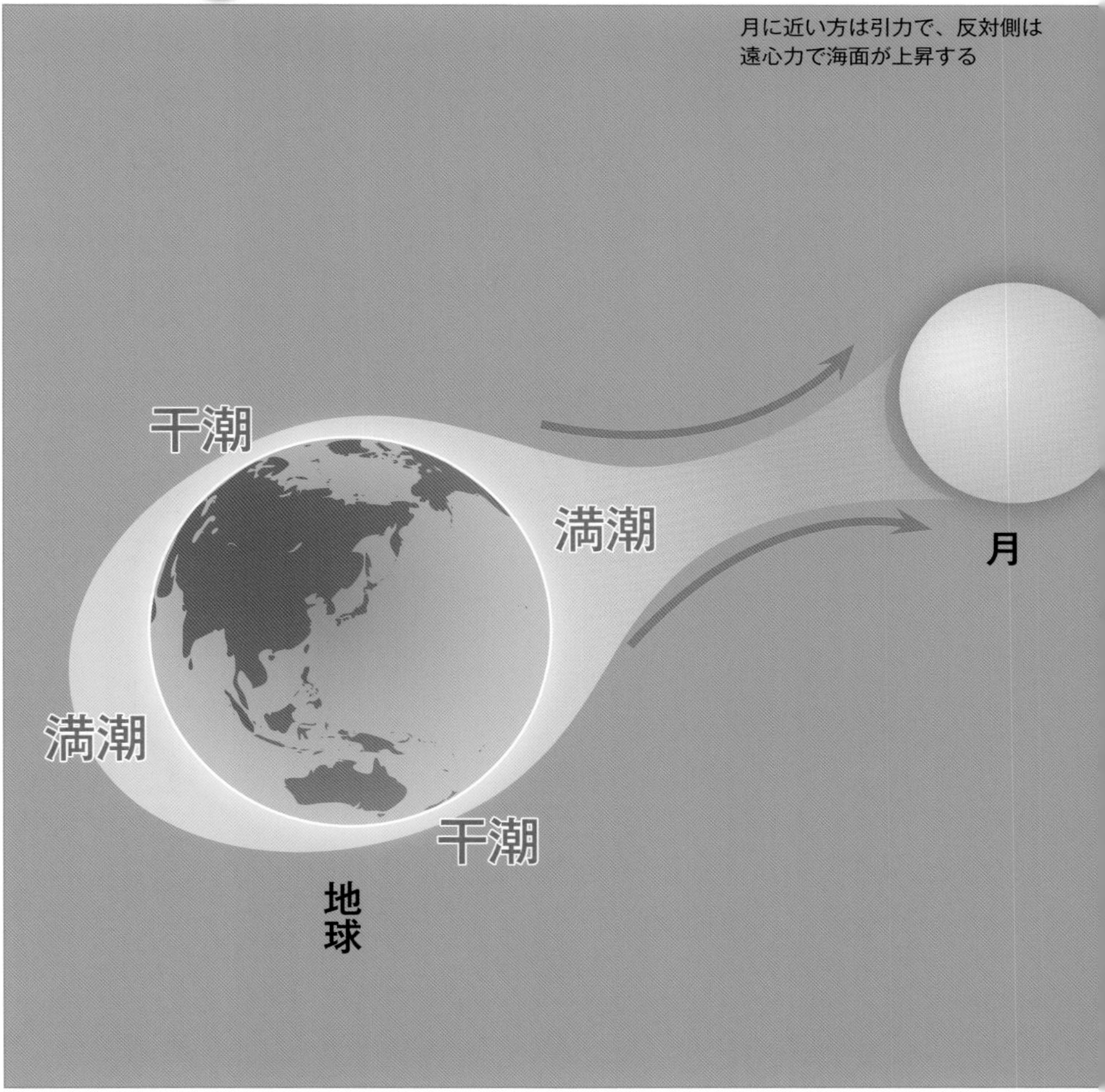

潮となり、太陽の引力が月の引力を打ち消すと潮の動きが小さい小潮となる。

月は必ず地球の周りを一日一回転する。太陽と月と地球がどのような位置関係になるかは、計算すればずっと先まで正確にわかる。このため潮の満ち引きのサイクルや、大潮と小潮の時刻や程度なども正確にわかる。気象現象の予測は難しいことと比較すると、潮の干満は予測しやすい。こうしたことから、釣りでは重要な情報として重宝されている。

ココに注目！ 天文潮・気象潮

月と太陽の引力によって起きる潮汐の変化を天文潮と呼ぶ。高潮のように気圧差や風によって生じる潮位の変化を気象潮と呼ぶ。海から風で海水が岸に押し寄せる。気圧が下がり海面を抑える力が弱まると潮位が上がる。

潮の流れが急流や渦を生むことがある

Point 東京湾内の干潮から満潮になるときの潮の流れ

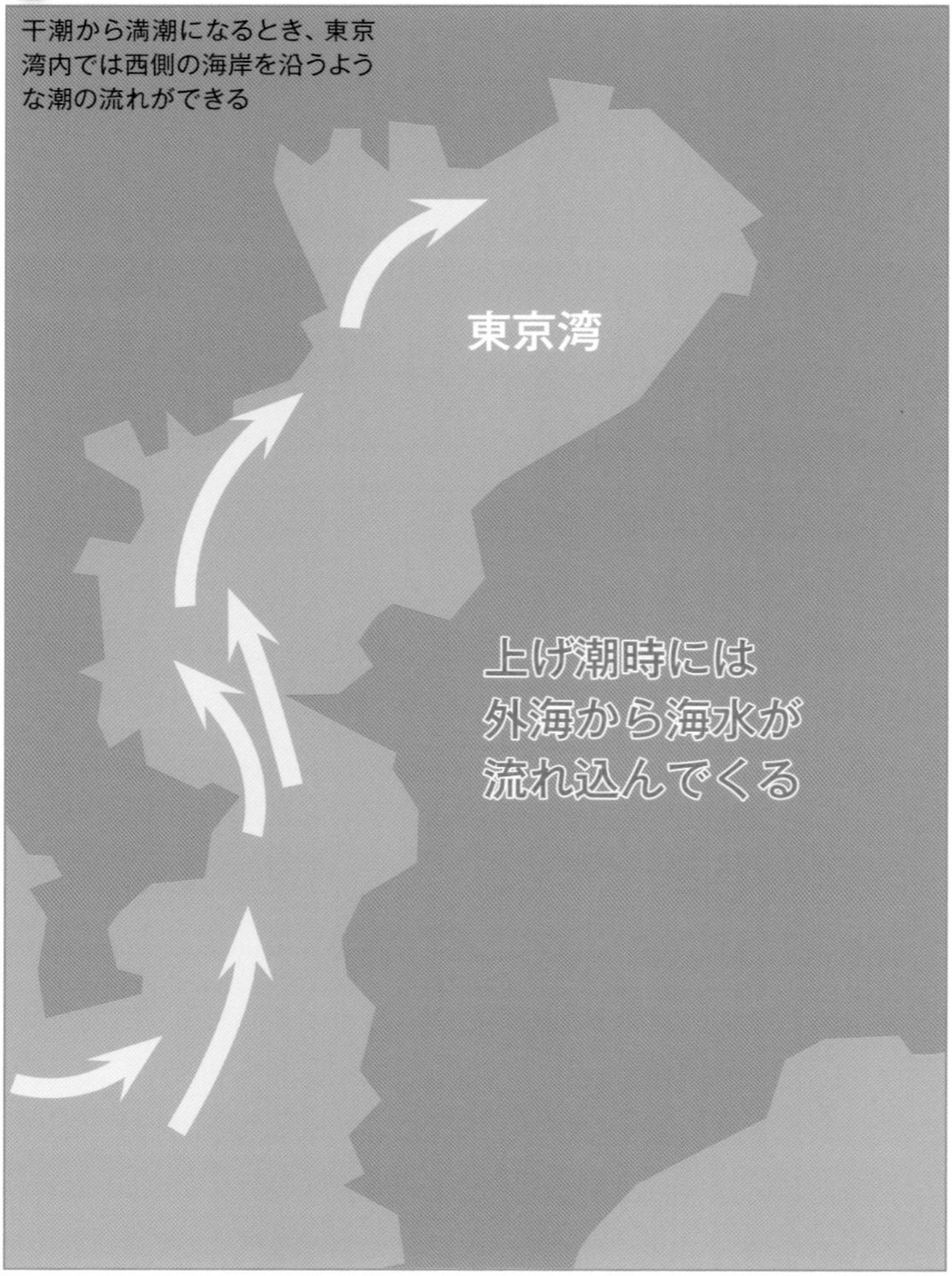

干潮から満潮になるとき、東京湾内では西側の海岸を沿うような潮の流れができる

満潮から干潮への切り替えに注意

大潮と小潮を繰り返す中で、潮に流れが生まれる。これを潮流という。地形が単純な海水浴場のような海岸線では、単純に満ち引きを繰り返すだけだが、複雑な地形では、複雑な潮の流れを作り出す。瀬戸内海が最たる例。本州と四国の陸地に挟まれていて、さらに大小無数の島があるため、潮流が変わるときに、潮流同士がぶつかり合って、渦を巻く。これが有名な「鳴門の渦潮」である。

東京湾のような大きな湾でも、渦を巻くような潮流を作り出している。干潮から満潮へ向かうときに、湾の入り口から海水が流れ込む。このとき南からの日

東京湾内の満潮から干潮になるときの潮の流れ

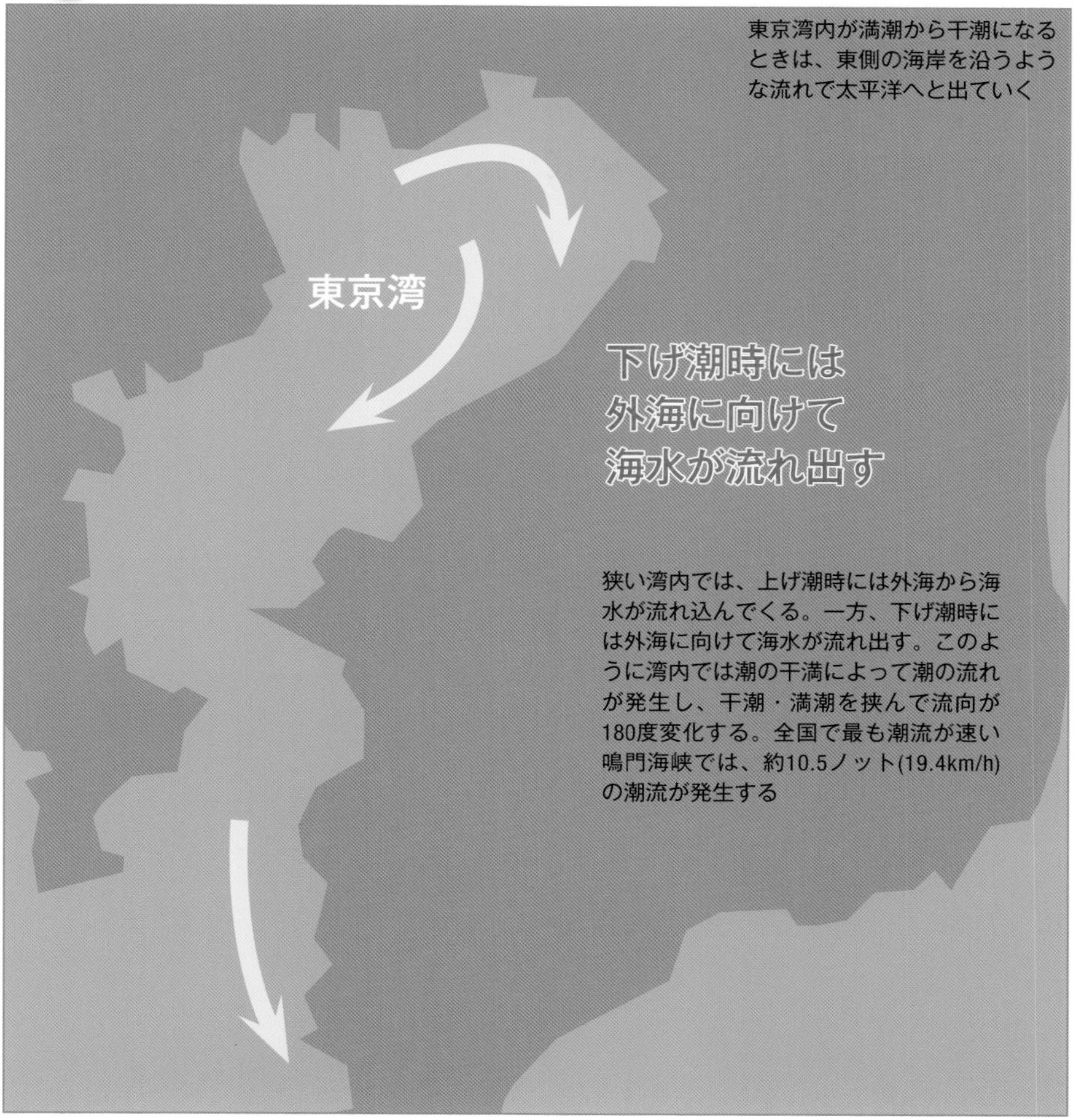

東京湾内が満潮から干潮になるときは、東側の海岸を沿うような流れで太平洋へと出ていく

狭い湾内では、上げ潮時には外海から海水が流れ込んでくる。一方、下げ潮時には外海に向けて海水が流れ出す。このように湾内では潮の干満によって潮の流れが発生し、干潮・満潮を挟んで流向が180度変化する。全国で最も潮流が速い鳴門海峡では、約10.5ノット(19.4km/h)の潮流が発生する

本海流（黒潮）の影響も受けている。一転して満潮から干潮へ向かうときは、湾を回り込むようにして流れ出ていく。湾の入り口は狭いため、急な流れを生み出す。

潮流を知らないと、思わぬトラブルを招くこともある。例えばダイビングでは、水中にもぐっている間に潮流が変わると、知らずに流されていることもある。もちろんヨットやボートなども、潮流による速い流れには注意しなければならない。

ココに注目！ 寒流・暖流

低緯度から高緯度へ向けて流れる海流を暖流、高緯度から低緯度へ向けて流れる海流を寒流という。日本付近には4つの大きな海流があり、日本海流（黒潮）と対馬海流は暖流、親潮とリマン海流が寒流である。

海水浴や釣りの大きな事故原因になる

海水が沖に向かって流れるのが離岸流

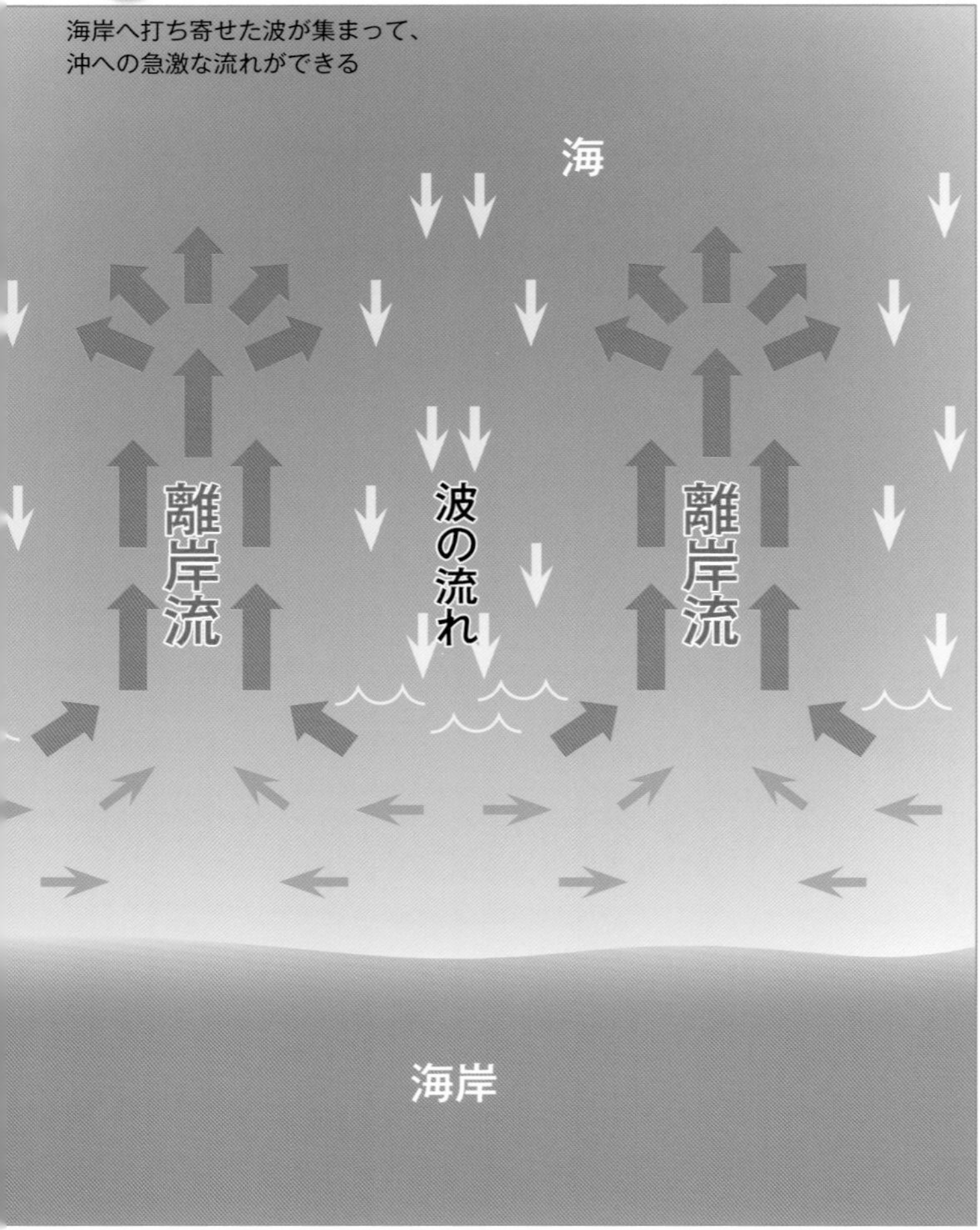

海岸へ打ち寄せた波が集まって、
沖への急激な流れができる

離岸流を見極め近づかないこと

離岸流とは、岸に沿っての横へ流れや、岸から沖に向かう急流のこと。岸には次々に波が打ち寄せ割れて海水が運ばれてくる。この海水が横や沖に向かって流れるのが、離岸流である。**海水浴シーズンのもっとも多い遭難事故原因は離岸流となっている。泳ぎが得意で、海をよく知っているはずのサーファーでも流されることがある。**

離岸流ができやすいところがある。わかりやすいのは、消波ブロックやヘッドランドといった人工物。こうした人工物周辺では波が割れづらくなっている一方で、離れた所で割れる波によって運ばれた海水を引き込み、

離岸流から脱出するには岸と平行に泳ぐ

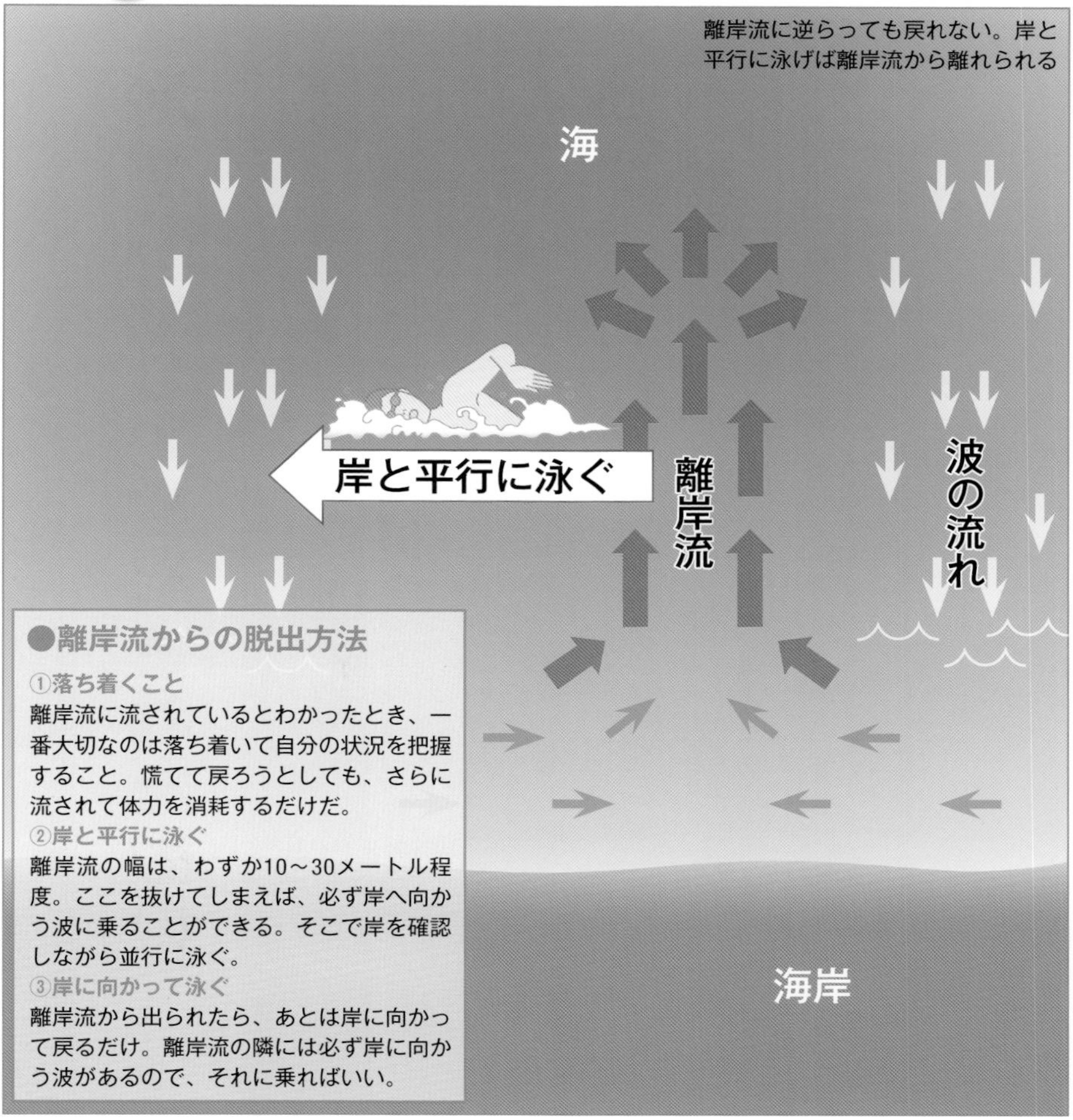

離岸流に逆らっても戻れない。岸と
平行に泳げば離岸流から離れられる

●離岸流からの脱出方法

①落ち着くこと

離岸流に流されているとわかったとき、一番大切なのは落ち着いて自分の状況を把握すること。慌てて戻ろうとしても、さらに流されて体力を消耗するだけだ。

②岸と平行に泳ぐ

離岸流の幅は、わずか10～30メートル程度。ここを抜けてしまえば、必ず岸へ向かう波に乗ることができる。そこで岸を確認しながら並行に泳ぐ。

③岸に向かって泳ぐ

離岸流から出られたら、あとは岸に向かって戻るだけ。離岸流の隣には必ず岸に向かう波があるので、それに乗ればいい。

離岸流が生じる。

そうではないところでは、海の状態を観察することが大切だ。波が来ていれば、海岸線近くでその波が崩れる。白波が立っていれば割れている証拠だ。**離岸流があるところでは、波が打ち寄せないので、波が割れていな**いのだ。

離岸流に流されると、オリンピック選手でも逆らって泳ぐことは困難と言われている。そこで万一のために脱出方法を知っておくことが大切だ。

ココに注目！ UITEMATE

「浮いて待て」は世界共通語となっている。着衣のままだと水分を吸収して重くて動きにくくなる。慌ててもがくと溺れてしまう。無理に泳ぐと無駄に体力を消耗するので自己救助のためには「浮いて待て」となっている。

雷は氷が帯電して放出されたもの

Point 湿った空気が上空で帯電するため雷ができる

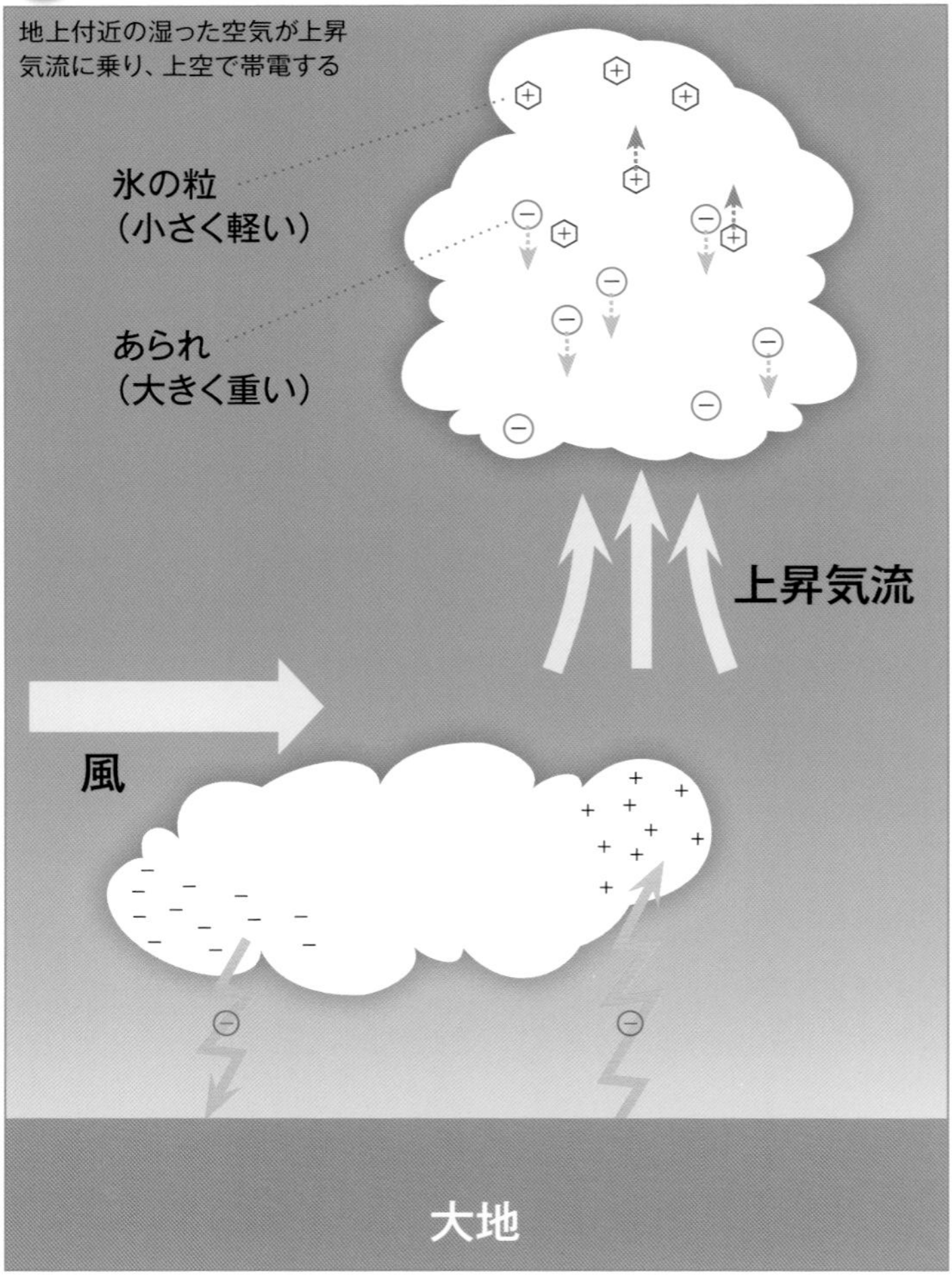

標的にならないように安全を確保して避難

低気圧では上昇気流が生じて雲ができる。強い上昇気流が続くと、積雲から積乱雲へと発達する。このとき空気が膨張断熱し水蒸気は氷の結晶になる。氷晶の中にはさらに大きなあられとなるものもある。氷の結晶やあられがぶつかり合うと、静電気が生じる。**氷晶は＋、あられは－の電荷を帯びて、溜まると放電される。これが雷が起きる仕組みだ。**

巨大な積乱雲に帯電するため、非常に大きな電流が流れる。これが放電するときには、激しい光と音を伴う。1回の落雷で数万A（アンペア）の電流と、数億V（ボルト）の電圧が放

落雷事故の報告件数（2005年～2017年）

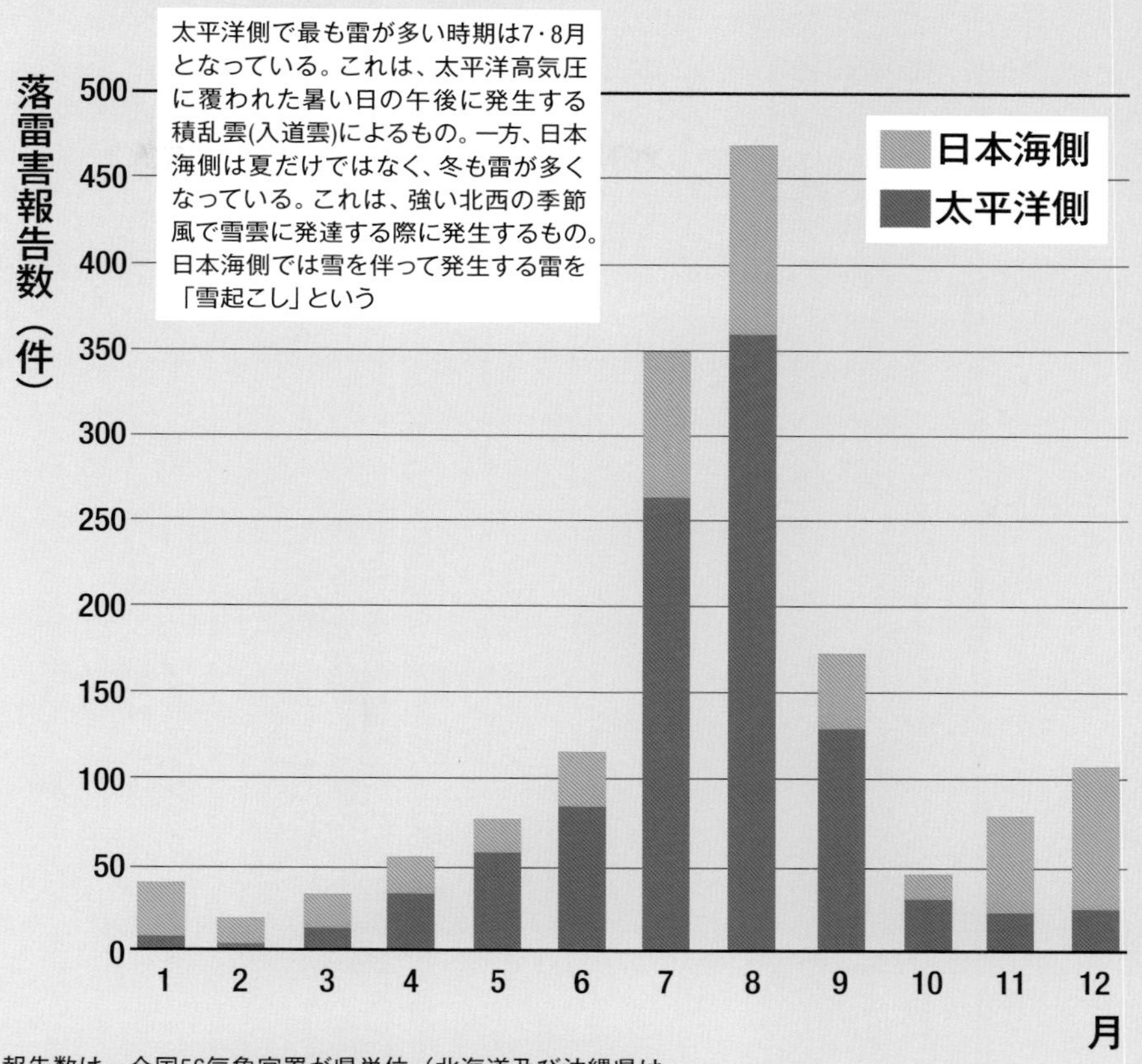

報告数は、全国56気象官署が県単位（北海道及び沖縄県は更に複数の区域に分割）で、低気圧や前線の通過など一連の気象現象における落雷害の発生を１件とカウントしている

※気象庁ホームページより

出される。

海辺や海上では、陸上のように逃げ場がないため、雷への対処法を知っておかなければならない。**水は電気を通すので、雷が鳴ったらまず海から上がること。濡れた砂浜も電気を通すので離れること。**次に雷は高いところに落ちるため、屈んだり伏せたりして速やかに安全なところへ非難する。防砂林が近くにあるなら、避雷針代わりになる。ただし落雷したときの放電の影響を受けるので近づきすぎないこと。

ココに注目！

伝導性

電流が流れやすい性質。物質などで、電気伝導を生じやすい性質を指す。反対語は絶縁性となる。最も電気が流れやすい物質は「銀」。真水はゴムよりも1,000万倍、海水は真水よりも100万倍も伝導性がある。

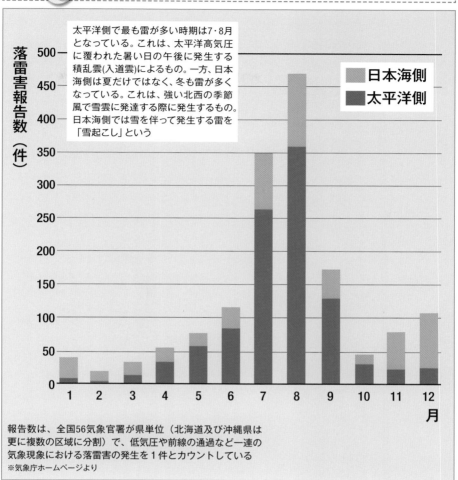

雷被害を防ぐための予兆と予防

Point 気象情報を利用する

雷に関する気象情報とその利用：14時〜16時の屋外で行動する場合を例に

時刻	気象情報の確認ポイント	利用者の対応
前日17時	天気予報	・明日の天気や降水確率とともに、雷が発生しやすい気象状況かどうか事前に確認 キーワード： 「大気の状態が不安定」 「雷を伴う」
当日05時	天気予報	・朝と昼の天気予報を確認し、行動時の気象情報をイメージ
当日11時	天気予報	
	雷注意報（随時発表） 雷が発生する数時間前を目処に雷注意報を発表します。	・外出の前に 雷注意報の発表状況確認 雷ナウキャストで雷の状況を確認
当日13時	雷ナウキャスト（雷の発生状況を基に1時間先までの移動予測を10分毎に発表）	
当日14時〜当日16時（屋外）		・屋外では、携帯端末サービス※で最新の雷ナウキャストを随時確認 ○雷ナウキャストの予想で活動度2以上が近づく場合は安全な場所へ避難する ○活動度が表示されていない地域でも、急に雷雲が発生して落雷が発生することがあるので、天気の急変に注意

※予報業務許可事業者等によるサービス

※気象庁ホームページより

落雷を起こす積乱雲の発生・接近を知る

海での雷は、陸地よりも危険が大きい。非難するところがなく、海面や海岸には突起物が少ないため、人そのものが標的になりやすいからだ。

水は電気を通すため、海上で落雷があると周囲に電流が広がる。落雷したところから20mの範囲は危険。感電そのものよりも感電で気を失ったことでおぼれるケースも多い。

こうした落雷の被害を防ぐには、予兆と予防が欠かせない。雷の予兆として、黒い雲が発生し、近づいてくる。黒いのは光を通さないほど巨大な積乱雲である証拠だ。

そして冷たい風が吹き始める。

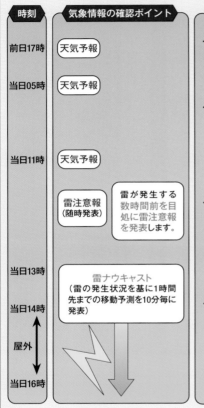

雷の激しさや雷の可能性を解析・予測した雷ナウキャスト

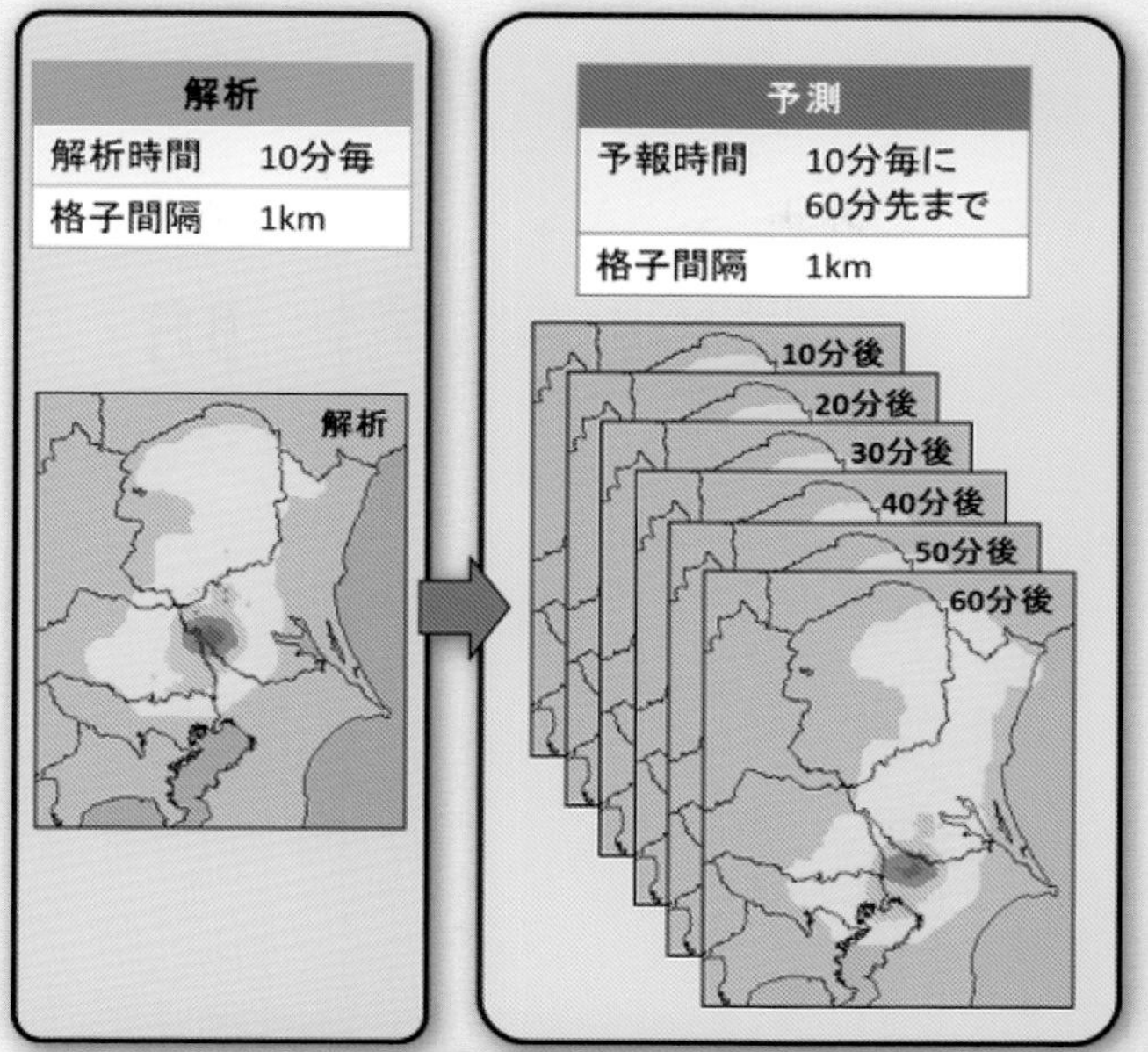

雷の激しさや雷の可能性を1km格子単位で解析し、その1時間後（10分～60分先）までの予測を行うもので、10分毎に更新して提供

予測については、雷雲の移動方向に移動させるとともに、雷雲の盛衰の傾向も考慮している。雷監視システムによる雷放電の検知数が多いほど激しい雷（活動度が高い：2～4）とし、雷放電を検知していない場合でも、雨雲の特徴から雷雲を解析（活動度2）するとともに、雷雲が発達する可能性のある領域も解析（活動度1）する

活動度	雷の状況	
4	激しい雷	落雷が多数発生している。
3	やや激しい雷	落雷がある。
2	雷あり	電光が見えたり雷鳴が聞こえる。落雷の可能性が高くなっている。
1	雷可能性あり	現在は雷は発生していないが、今後落雷の可能性がある。

雷の解析は、雷監視システムによる雷放電の検知及びレーダー観測などを基にして活動度1～4で表す

※気象庁ホームページより

これは積乱雲から雨が降り始め、急な下降気流が生じるためだ。ダウンバーストと呼ばれる突風のような下への強風が吹くこともある。

　また河口から流れてくる水が急に冷たくなることもある。これはその川の上流で雨が降っている可能性がある。山で雨を降らせた雲が、やってくることも考えられる。

　雷鳴が聞こえたら、そこから半径10km以内で雷が発生している。すぐにでも落雷の危険があるので、非難を考えよう。

ココに注目！ 雷までの距離

雷は光と音を伴う。音速は秒速340m。光速は音速の約800000倍となっている。雷発生とほぼ同時に雷光が伝わる。雷鳴が伝わるまでは少し時間がかかる。雷光が見えてから雷鳴が聞こえるまでの秒数×340mが雷までの距離。

積乱雲は大気が不安定になったときに発生する

Point 積乱雲から冷たい空気が一気に吹き下ろす

発達した積乱雲から冷たい空気が一気に吹き下ろすことをダウンバーストという

ダウンバーストが災害を起こすことも

強い上昇気流によって積雲ができて、さらに急激に発達すると積乱雲になる。上に暖かい空気、下に冷たい空気があるときに大気は安定するが、地上の暖かく湿った空気が上昇気流によって持ち上げられ、急激に冷やされると、飽和水蒸気量に達して雲が発生してさらに上昇し、積乱雲が発達しやすくなる。これを「大気が不安定な状態」という。**不安定な大気は、安定した状態に戻ろうとするため、激しい対流が起きやすくなる。**

夏に夕立を降らせる入道雲と呼ばれているのも積乱雲。縦に大きく発達するのが特徴で、横幅は数km〜十数km。局地的に大

ダウンバーストが起きると飛行機墜落の恐れがある

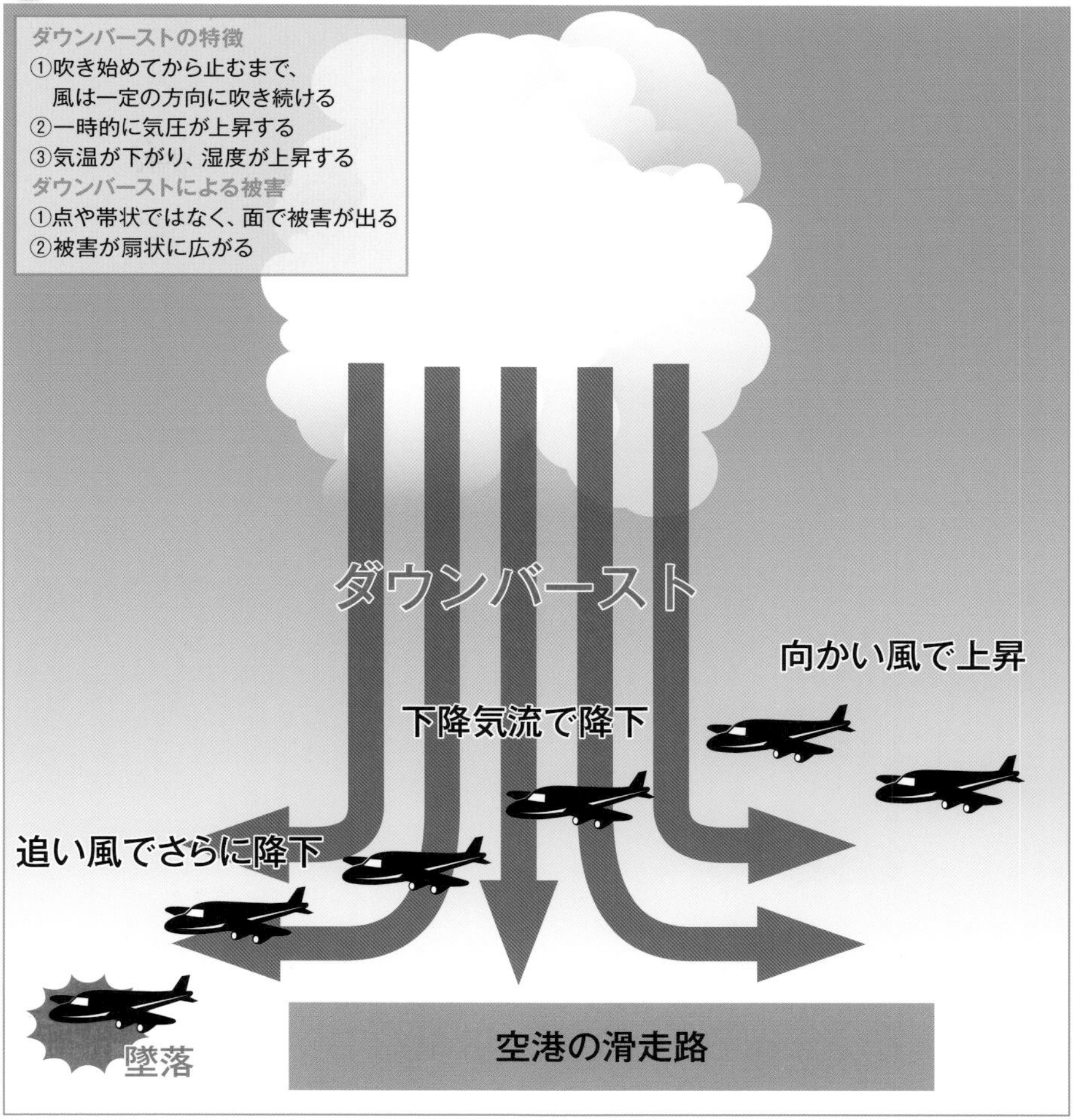
ダウンバーストの特徴
①吹き始めてから止むまで、
風は一定の方向に吹き続ける
②一時的に気圧が上昇する
③気温が下がり、湿度が上昇する
ダウンバーストによる被害
①点や帯状ではなく、面で被害が出る
②被害が扇状に広がる
ダウンバースト
向かい風で上昇
下降気流で降下
追い風でさらに降下
墜落
空港の滑走路

雨や落雷をもたらす。

飛行機の運航に影響を及ぼすこともある

発達した積雲や積乱雲が消散するときには、下降気流が発生する。地上ではひんやりと冷たい空気の流れを感じる。この下降気流の風速が秒速50ｍを超えることもある。これをダウンバーストと呼ぶ。**飛行機の離着陸に影響を及ぼすなど、災害の原因にもなる。**

ココに注目！ 航空機への影響

離着陸を行っている航空機にとってダウンバーストは墜落に直結する。着陸時に強い下降流によって地面に機体が押されるため。また、ダウンバーストが地面に跳ね返されて乱気流となって風向が変わり、失速することがある。

海からの風が海風、陸からの風が陸風

Point 海風は陸上で温められて上昇する

海から陸に向かって吹いた風は、陸上で温められて上昇する

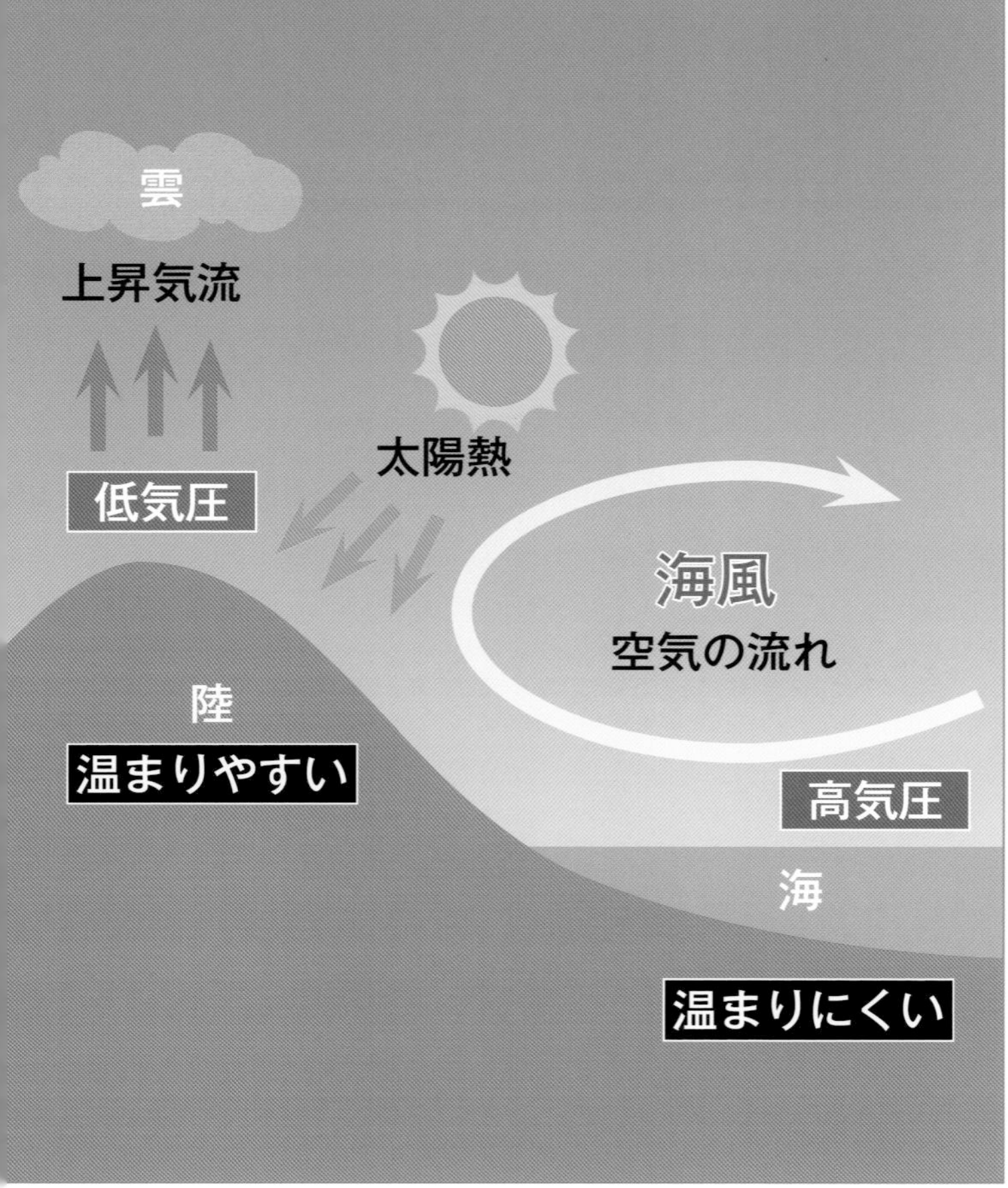

陸と海の温度差で小さな気流が生まれる

海岸線では晴れた日の日中と夜間で風向きが逆になりやすい。これを海陸風という。**陸から海へ向かって吹く風が陸風。海から陸に向かって吹く風を海風。**これを総称したものだ。

日光を受けたとき、陸は暖まりやすく冷えやすい。逆に海は暖まりにくく冷えにくい。こうした性質を踏まえたうえで、日中と夜間の気流がどう変化するか考えてみよう。

日中、陸はすぐに暖まり、陸地に接した空気塊も暖まって密度が小さくなり上昇する。上昇して少なくなった空気を埋めるように海から空気が運ばれてくる。この空気の流れが海風だ。

陸風は冷えて海に流れる

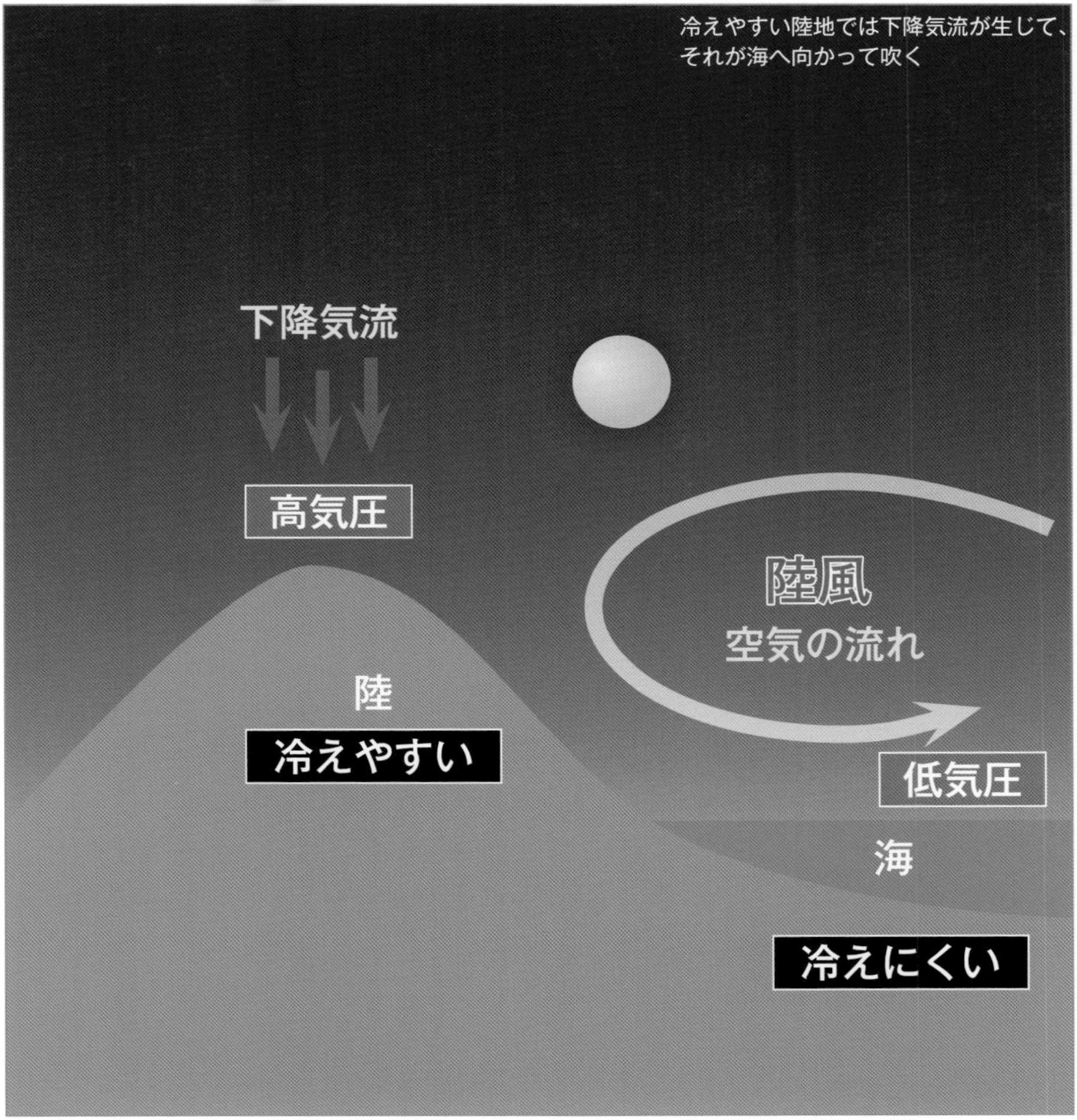

日中とは逆に、陽が沈むと陸は急激に冷えるため、陸地に接した空気塊も冷えて密度が大きくなり下降し、海に向かって流れていく。これが陸風である。

陸風と海風が変わるときには風が止む時間がある。これを凪といい、それぞれ朝凪、夕凪と呼ぶ。

日中に海風を受けながらヨットで遊んでいて、気づくと陸風になってしまい戻れなくなることもある。特に海陸風がはっきり起きる夏は、風向きの変化には気を付けるようにしよう。

ココに注目！ 比熱

「温まりやすさ」「冷めにくさ」を表す物理量で、物質の温度を上げるのに必要な熱量。固体の陸よりも、液体の海水の方が比熱が大きい。液体は固体よりも分子量が小さく。1gあたりの分子数が多いため、比熱が大きくなる。

COLUMN

台風の名前

台風は各国が提案した固有名称

14か国が加盟する台風委員会は、台風を各国が提案した固有名称で呼んでいる。日本も加盟しているが、まだ「台風〇号」と発生順で呼ぶのが一般的だ。

アメリカは「ジェーン」のような人名。フィリピンは「速い」という意味の「マリクシ」など。その他にもミクロネシアは「イーウィニャ」＝「嵐の神」や「ソーリック」＝「伝統的な部族長の称号」など。中国は日本でも有名な「ウーコン」＝「孫悟空」。マカオは「バビンカ」＝「プリン」。フィリピンは「ハグビート」＝「ムチ打つこと」など様々だ。

日本からは「ヤギ」「ウサギ」といった動物や「テンビン」「コンパス」といった名称が提案されたが、実はこれは星座の名前。名称は全部で140個あり、ローテーションで使っている。台風の発生件数からすると５～６年で一巡して最初に戻ることになる。さて次の台風は、どこの国の何という名前の台風かな？

5章 様々な気象現象

台風は陸だけではなく海に大きな影響を与える。台風による海の事故は後を絶たない。
多くのマリンスポーツにとって台風は危険をもたらす一方で、
上級者のサーファーは台風のうねりを楽しみにしている。
また、ヨットやウィンドサーファーは、
一日の中で大きく変わる風向・風速を上手に利用しなければならない。

台風は「大きさ」と「強さ」で測る

Point 熱帯性低気圧が発達して台風となる

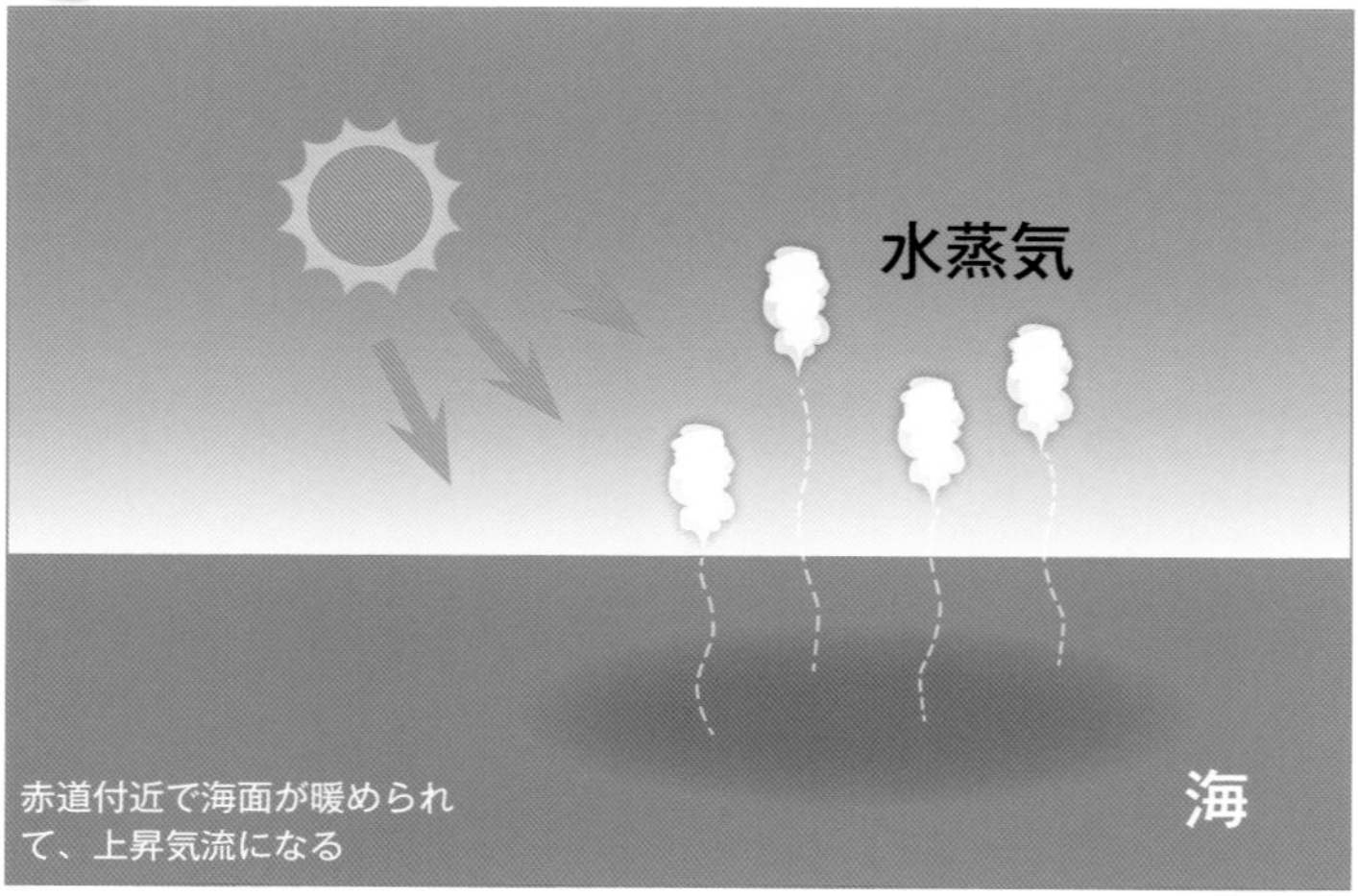
水蒸気
海
赤道付近で海面が暖められて、上昇気流になる

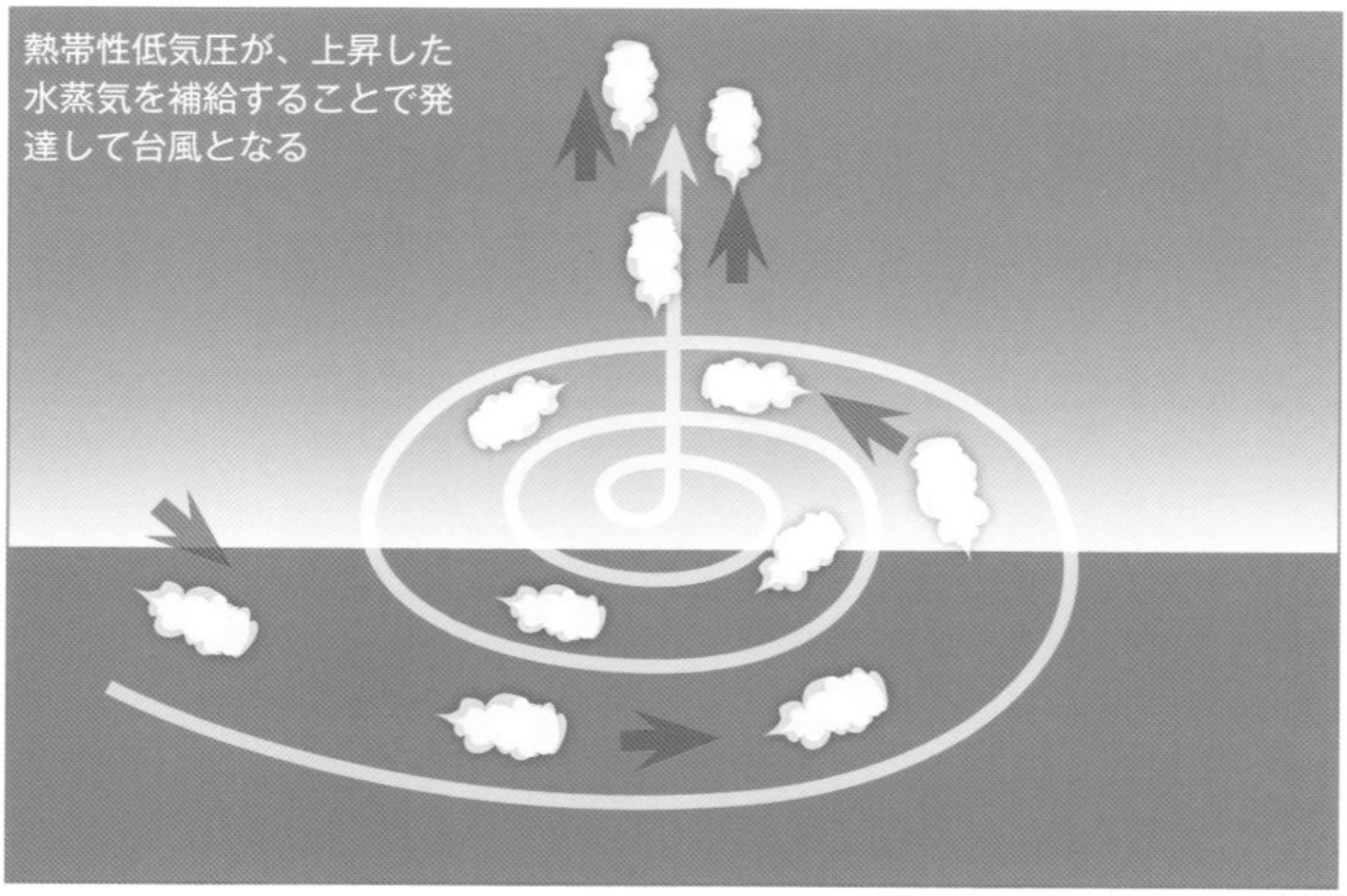
熱帯性低気圧が、上昇した水蒸気を補給することで発達して台風となる

風速17・2m/s以上の熱帯低気圧が台風

赤道付近で発生した熱帯低気圧が、温かい海面からの水蒸気の補給によって発達しながら北上する。それが風速17・2m/s以上の風が吹くようになると台風となる。

台風は自走できないため、気圧差によって生じる風に乗って移動する。真夏に小笠原気団が日本列島を覆っている間は、そのへりに沿って吹く風によって西へと向かうため、日本には近づかない。秋になると小笠原気団の勢力が弱まり、気団のへりがちょうど日本列島に重なるため、台風の通り道になる。

台風を測る基準には「大きさ」と「強さ」がある。風速15

Point 台風は渦を巻いて雲を作る

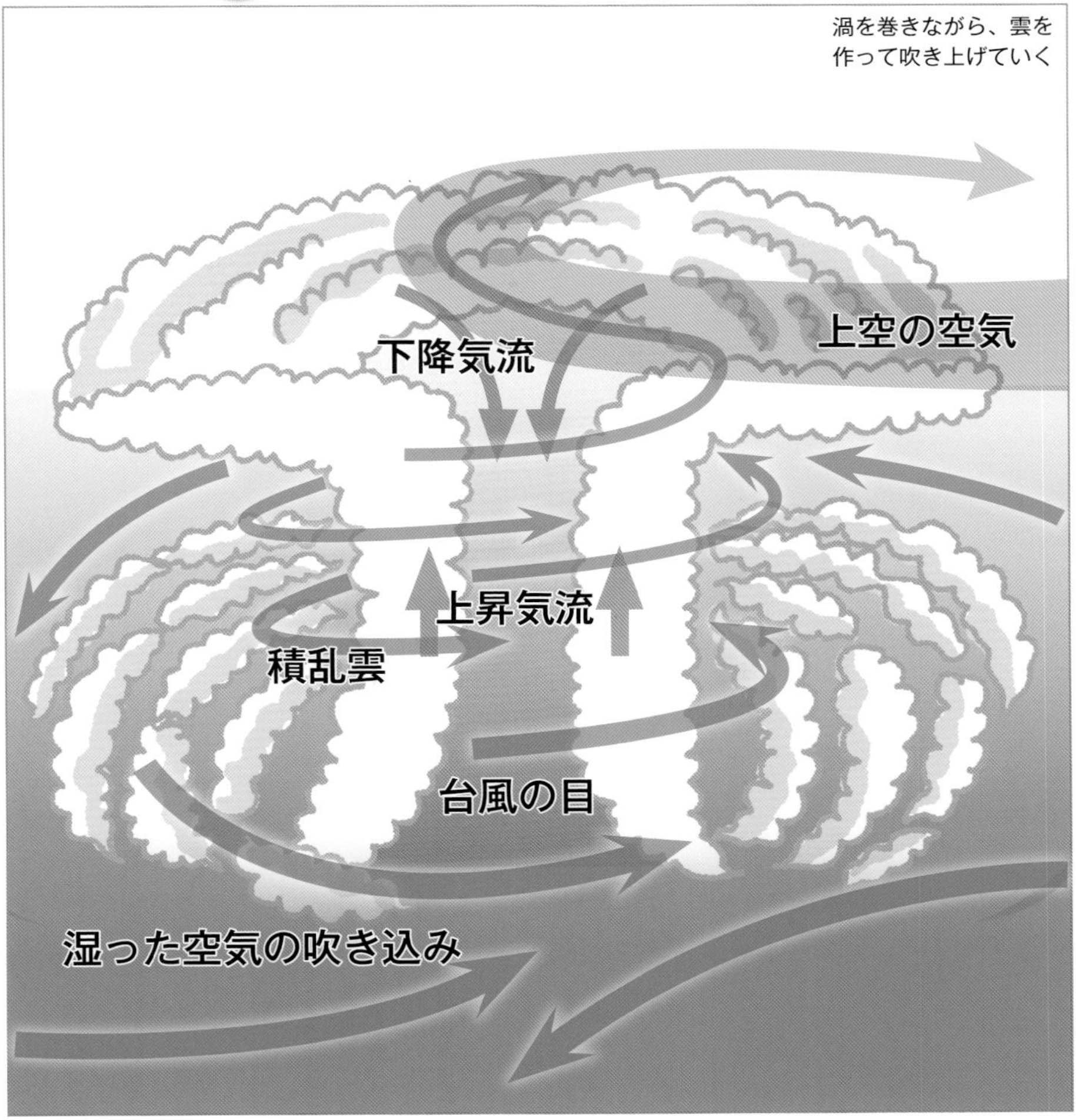

m/s以上の範囲を強風域というが、大きさはこの強風域の広さ。強風域の半径によって、「（特になし）」「大型」「超大型」の3ランクに分類される。

強さは最大風速。中心付近の風速によって「（特になし）」「強い」「非常に強い」「猛烈な強さ」の4ランクに分類される。

天気予報で「大型で強い台風」というのは、この分類によっている。

過去には「小型で並の強さの台風」というような表現もあったが、現在は使われない。

ココに注目！ 玄倉川水難事故

台風の強さ･大きさと危険性は相関せず、「小型で弱い台風」のような表現は、危険性を過小評価した人が被害に遭うおそれがあった。1999年に発生した玄倉川水難事故を契機に「弱い」や「並の」といった表現をやめた。

台風の速度によって左右の風速が変わる

Point 台風には風速の違いがある

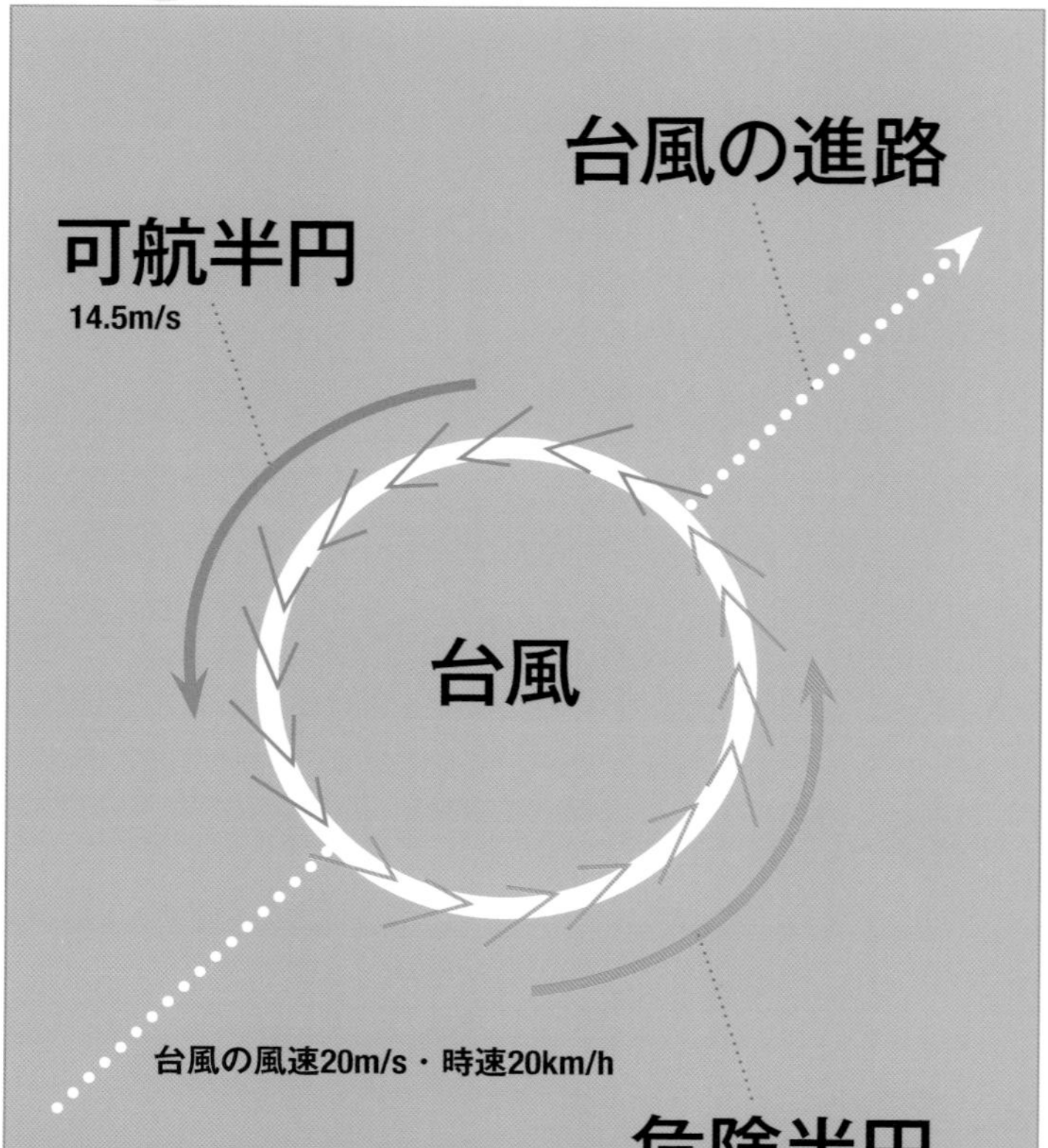

台風周辺の風は、台風自体による風と、台風の移動による風を、合計・相殺したものになる。台風の進行方向の右側は、「台風自体の風」＋「台風の移動による風」となり、左側は「台風自体の風」－「台風の移動による風」となる

危険半円では速度＋風速で強まる

北半球では台風の進行方向に対して、左側を可航半円、右側を危険半円という。南半球では渦が逆になるため、反対になる。この名称の語源は、**船舶が台風を避けようとするとき、台風の西側を通れば風と波によって押し出されて離れられることからついたと言われている。**

台風の「速さ」には進行速度と風速がある。危険半円では、両者が合算されて、風速が増す。逆に可航半円では、風速から進行速度分が差し引かれる。

台風の風速と速度で実際に計算できる

例えば風速（秒速）20mの台

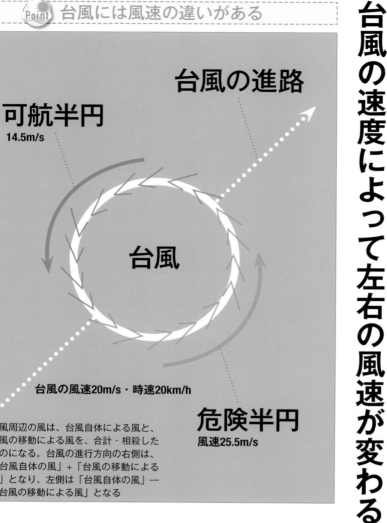

Point 台風のうず巻きに吹く風の向き

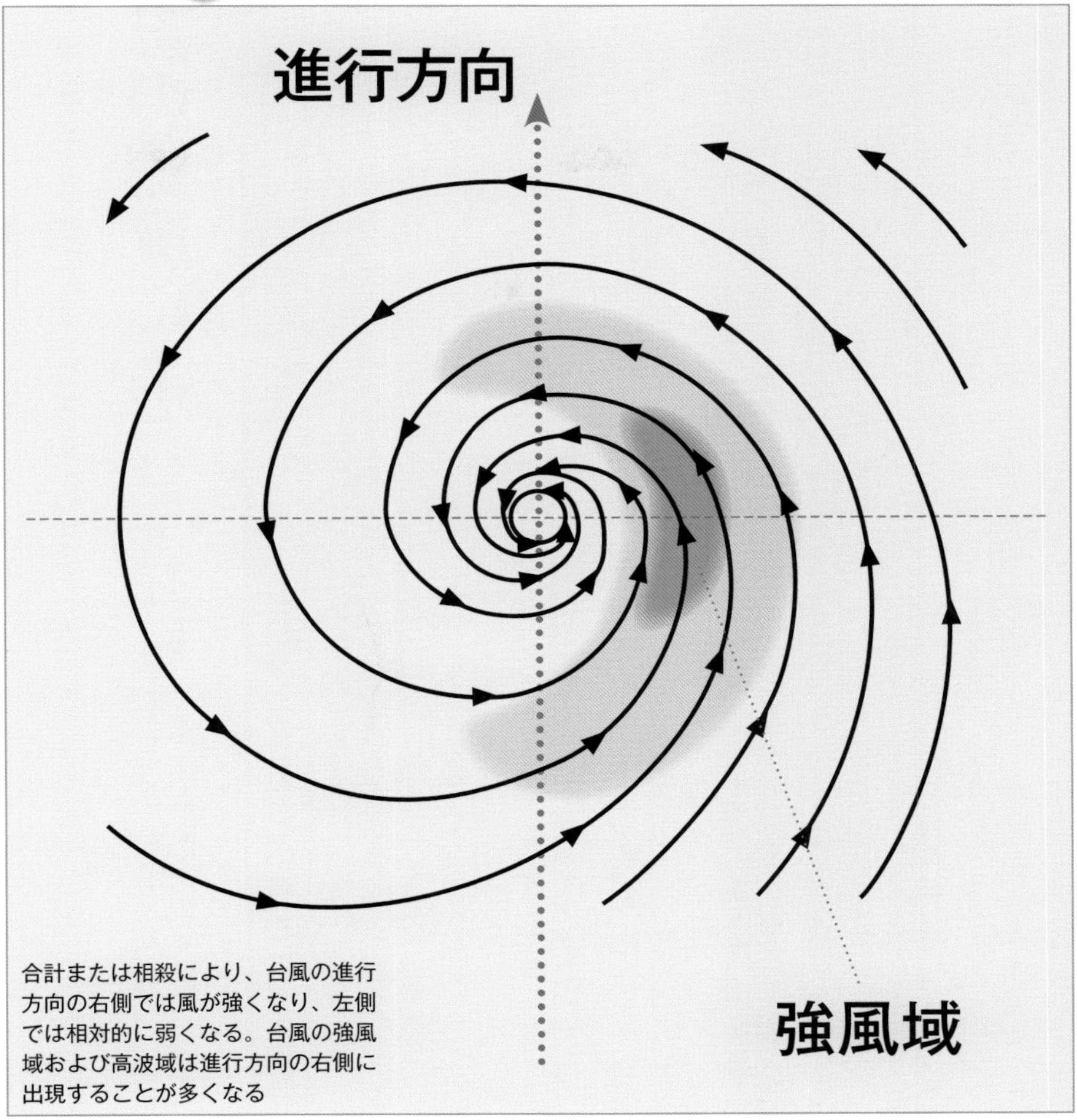

合計または相殺により、台風の進行方向の右側では風が強くなり、左側では相対的に弱くなる。台風の強風域および高波域は進行方向の右側に出現することが多くなる

風が、時速20㎞で進んでいるとする。まず単位を統一する。

20㎞＝20000m

1時間＝3600秒（s）

速度＝距離／時間なので、

20000m／3600秒≒5・5m/s

つまり、

可航半円20－5・5＝14・5m/s

危険半円20＋5・5＝25・5m/s

となる。もちろん台風は常に一定の風が吹いているわけではないので、可航半円で強い風が吹くことがあるので、危険ではないということにはならない。

ココに注目！ 可航半円

かつて帆船が台風の中心から遠ざかる針路をとるとき、台風の進行方向左側に入っていれば右舷船尾に追い風を受けながら避航できたことの名残である。あくまでも右側と比較して風雨が弱いだけで安全ではない。

南方の台風によるうねりが日本に到達する

Point 台風によって発生した波浪がうねりとなる

立秋は8月8日前後。夏の土用は、7月下旬・8月上旬で、まだ盛夏である。日本付近は太平洋高気圧に覆われており、台風からうねりのみがやってくる。このうねりのうち、千個に一個は、平均的な波の2倍の大きさとなる

千波に一波が大波になることも

土用波とは、晩夏の土用の時期に、穏やかな海に突発的な大波がやってくるもの。ちなみに土用とは季節の変わり目となる立春、立夏、立秋、立冬前の約18日間のことだが、俗には、夏の土用を指すことが多い。立秋の前の18日間が土用波の時期にあたる。

土用波の原因は、日本の南方に発生した台風である。台風によって発生した風浪が、うねりとなって押し寄せる。沖縄にある台風によるうねりが、静岡の遠州灘や千葉の九十九里に到達することもある。

複数の波が重なり合って、より大きな振幅になることがある。千波に一波程度の割合で、平均の2倍の高さになることもある。一発大波（P60フリークウェーブ）と呼ばれる突然の大波となることもある。これが沿岸に打ち寄せる突然の大波の正体である。

土用波は、元々漁師の間で知られていたように、**釣りの際には気を付けなければならないが、サーファーにとっては絶好の波**になる。

また、台風が日本付近に接近してこなくても「うねり」だけがやって来ることがある。一般の天気予報では、報道されないことがある。良い波を当てたいサーファーには、スマートフォンやパソコンで見られる波情報サイトで台風・波情報を確認することを勧める。

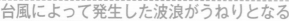

予測しにくく集中的な大雨

Point 上昇気流が発生しやすくゲリラ豪雨に

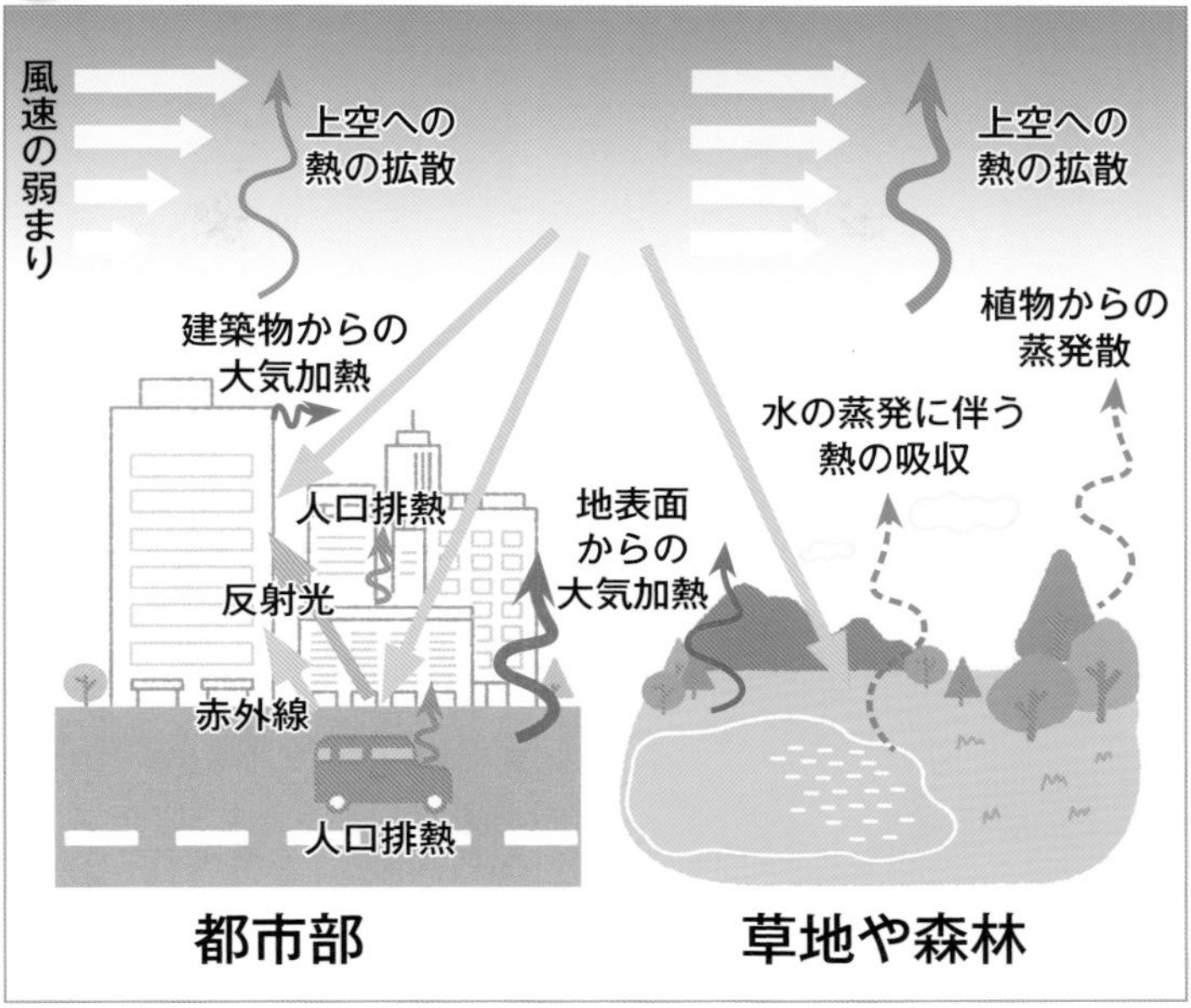

ヒートアイランド現象との関連も考えられる

ゲリラ豪雨とは、正式な気象用語ではなく、突発的で天気予報による正確な予測が困難な局地的大雨を、軍事のゲリラ（奇襲を多用する非正規部隊）にたとえたもの。年々気象予測の精度が高まっていて、「今日はゲリラ豪雨になりそうです」というように、単に局地的な集中豪雨を指すものとして使われるようになっている。

一般的には山間部で積乱雲が発生して、雷雨とともに平野部に降りてくる。この順序を踏めば、予測はしやすい。ところが突然平野部で局地的に積乱雲が発生しそうな天気では、どこでどれくらいの積乱雲が発生するか予測するのは難しい。

しかも都市部はコンクリートやアスファルトで覆われているため、地表が猛烈に暖められる。ヒートアイランド現象と呼ばれるものだ。地表付近の空気塊が暖まりつつ、上空に冷たい空気が入ると上昇気流が発生しやすく、ゲリラ豪雨の引き金になっているとも考えられている。

海上では、ゲリラ豪雨のような大雨にあったとしても、直接的な影響はないように思うかもしれない。しかし、**陸上で降水量が急激に増加することによって、河口周辺では海上へ向かって強い流れが発生することがある**。また、大雨とともに突風・雷が発生することもあり、海難事故につながることもあるので、注意が必要だ。

山で雨を降らせた乾いた空気が高温をもたらす

Point 暖かい空気が熱風になる

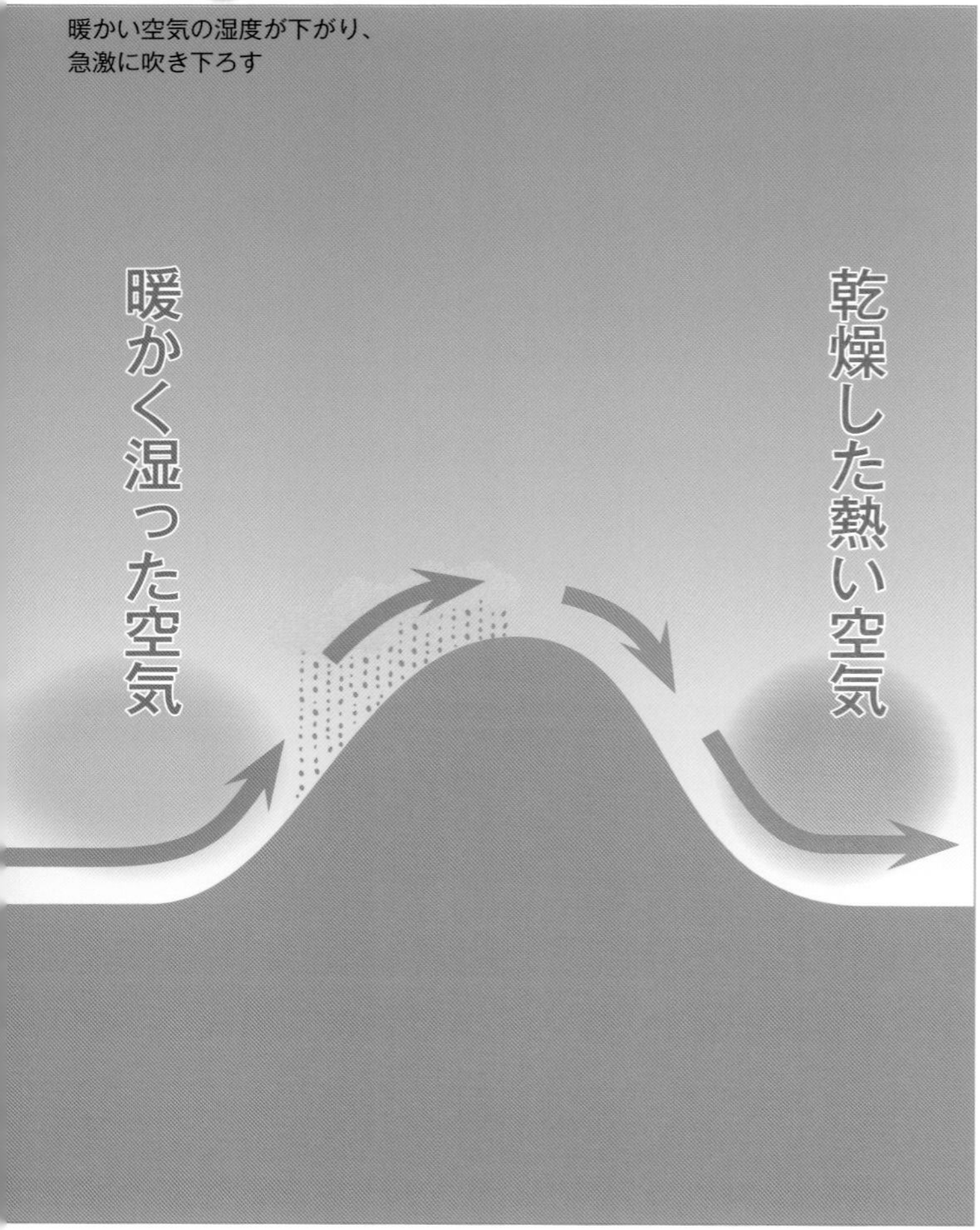
暖かい空気の湿度が下がり、
急激に吹き下ろす
暖かく湿った空気
乾燥した熱い空気

比較的涼しいはずの山形市で40度超も

　フェーン現象とは、山を越えた乾いた風が吹きおろし、元の気温よりも高くなる現象だ。

　海から水蒸気を補給された風が吹き、陸に達して山を登っていく。上昇によって温度が下がると水蒸気は雨となる。風が山を越えるときには空気が乾燥していて、下降とともに元の気温よりも上がる。これは湿った空気よりも乾いた空気の方が温度変化が大きいためだ。

　1993年7月26日に山形市で40・8℃を記録した。これはフェーン現象と考えられている。2007年に埼玉県熊谷市や岐阜県多治見市で40・9℃を記録するまで破られなかった。

No.50 ▼エルニーニョ現象

赤道付近の海水温が高止まりする現象

Point ペルー沖の海水温が高い

日本にも冷夏、暖冬など様々な影響

エルニーニョ現象が起きると、世界各地で異常気象となることから、近年天気予報などでもよく聞かれるようになっている。**日本にも冷夏、暖冬といった異常気象をもたらす**。

太平洋の赤道域の、日付変更線からペルー沿岸の海面温度が上がったままでなかなか下がらないのがエルニーニョ現象である。エルニーニョ現象が発生すると、積乱雲が発生しやすい海域が、通常よりも東側に移動する。

エルニーニョ現象が異常気象の原因であることはわかっても、その因果関係は複雑。まだ解明されていないことも多い。

南米からの強い偏西風が冷たい海水を広げる

インドネシア近海で積乱雲が発生しやすい

エルニーニョ現象の反対の状態が起きることを、ラニーニャ現象という。

平常時には太平洋の赤道付近では、東からの貿易風が常に吹いている。これによって海面付近の暖かい海水が、西へ流されていく。この東風が弱いとエルニーニョ現象になり、強いとラニーニャ現象となる。

東風によって流された温かい海水が、インドネシア付近の海域の狭いエリアに水深が深くまで集められて、積乱雲の発生が盛んになる。一方南米から西へは冷水が広がる。

Point インドネシアの海水温が高い

強い偏西風で暖かい海水が西へ流されると、ラニーニャ現象が起きる

インド洋の海水温の変化が各地に影響をもたらす

高くなるのが「正」
低くなるのが「負」

太平洋のエルニーニョ現象やラニーニャ現象と同じようなことが、**インド洋で起きることをダイポールモード現象**という。日本では海水温が高くなることを「正」、低くなることを「負」としている。世界各地に異常気象をもたらす点も似ていて、当然日本にも影響をもたらす。

正のとき、その海域で上昇気流が起きるため、雲が発生しやすくなる。これがユーラシア多陸上を西から東に吹く偏西風の流れを持ち上げて、日本の北側を通るようになる。冷たい風が北側を吹くため、日本列島の気温は全体的に高くなる。負のときは逆の現象になりやすい。

Point インド洋の海水温が影響する

海水温が高いのが「正」、低いのが「負」として、正反対の現象が起きる
猛暑
海水温
高
海水温
低
ダイポールモード現象

年間を通して西から東へ吹く風

Point 一定方向に吹き続ける

寒暖による空気の流れが、コリオリの力によって東西向きの風になる

ジェット気流は航空機に影響を及ぼす

偏西風とは、**年間を通して西から東へと同じ方向に吹く風のこと**。

地球規模で俯瞰すると、赤道側が暖められ、北極と南極に向かうほど冷たくなる。このままだと、赤道域は気温が上がり続け、極域は気温が下がり続ける。この温度差を解消するため、赤道域と極域の南北間で大気交換を行うように風が吹くが、コリオリの力の影響を受けて、次第に東西方向の風になる。

南北半球とも、緯度35から60度の間では西から東へ向けて偏西風が吹く。偏西風によって、大気が流されるため、天気は西から東へ変わる。

No.54 ▼季節風（モンスーン）

夏と冬で風向きが正反対になる風

Point 夏は南風、冬は北風になる

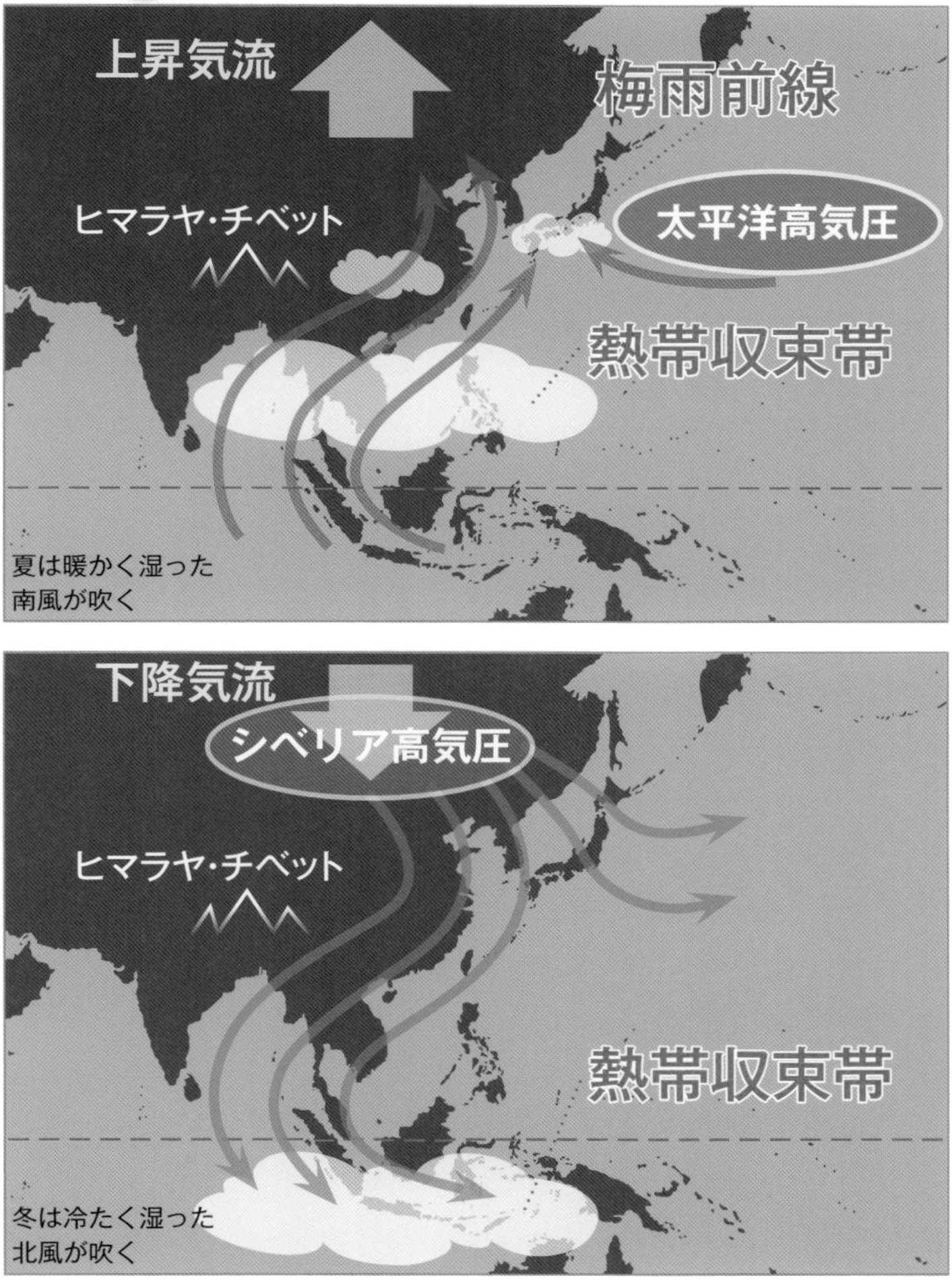

大陸と海洋との温度変動差で起きる

夏と冬で風向きが正反対になる風のこと。多くは大陸と海洋の温度の変動差によって起きる気象現象である。

日本では夏は小笠原気団のから暖かく湿った南東風が吹き、日本列島全体が蒸し暑くなる。一方、冬はシベリア気団からの冷たい北西風が吹く。北西風は日本海で水蒸気の補給を受けて日本海側に雨や雪を降らせ、太平洋側は乾燥しやすいという特徴的な天候となる。

アラビア海、インド、東南アジアなどで吹く季節風はモンスーンと呼ばれている。

発生の原理が違い、規模は比較にならない

Point 地殻変動で海水が動く

海底下で大きな地震が発生すると、断層運動により海底が隆起もしくは沈降する。これに伴って海面が変動し、大きな波となって四方八方に伝播するものが津波だ
「津波の前には必ず潮が引く」という言い伝えがあるが、必ずしもそうではない。 地震を発生させた地下の断層の傾きや方向によっては、また、津波が発生した場所と海岸との位置関係によっては、潮が引くことなく最初に大きな波が海岸に押し寄せる場合もある
津波の襲来
津波の伝播
断層運動
（地震）
地震による
地殻変動

津波は一波が長時間押し寄せる

波には津波と波浪がある。どちらも海水の振動によって伝わる波動現象であるという点は同じ。障害物にぶつかると反射したり、回り込んだりする性質や、浅瀬になると海底による摩擦で高く持ちあがるといった点も変わらない。

ただし、両者は波の発生までの原理がまったく違う。

波浪は風によって海面が動くことで生じる。このため一波が到達してから10秒程度で次の波が来る。サイクルが短い。

津波は大規模で何分間も押し寄せる

津波は、隕石によって発生す

津波は波浪とは比較にならないほど大規模

津波と波浪の違い

波浪　約10秒ごとに到来（短い）

津波　何分間も押し寄せ続ける（河川流と同じ）

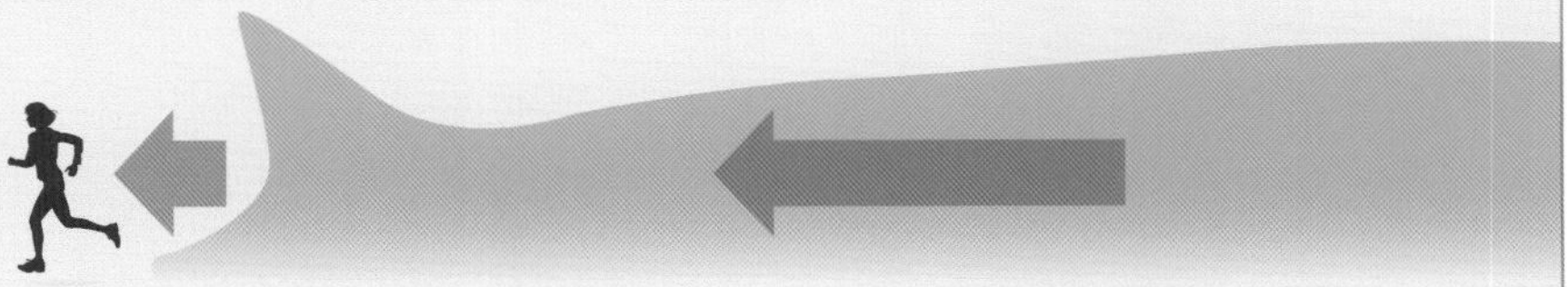

同じ点

・海水の振動によって伝わる波動現象であり、障害物に対して反射したり、まわり込んだりする特性や浅瀬で波高が増大するような現象は同じである

大きく異なる点

・波浪は風によって生じる海面付近の現象で、波長は数メートル～数百メートル程度
・津波は、地震などにより海底地形が変形することで周辺の広い範囲にある海水全体が短時間に持ち上がったり下がったりすることにより、発生した海面のもり上がりまたは沈みこみによる波が周囲に広がって行く現象
・津波の波長は数キロから数百キロメートルと非常に長くなる

ることもあるが、ほとんどは地震によって海底地形が変化したときに、海水が持ち上げられたり引き込まれたりして発生する。動く海水の量は、地震の大きさや範囲によって変わるが、波浪とは比較にならないほど大規模である。これが陸地に到達すると、一波が何分間にも渡って押し寄せ続ける。波というよりも、河川の流れのようなものだ。

　このため津波は風浪と比べて規模が大きく、波長が数キロから数百キロに及ぶこともある。

ココに注目！

地殻津波

巨大隕石が衝突した際に、地表面を構成する地殻が解離して高速度で地表を伝わる。6500万年前にメキシコに衝突した巨大隕石は約1600mにも及ぶ巨大津波を引き起こし恐竜を絶滅に追い込んだといわれている。

【巻末資料】

天気図の見方

「天気図を見る」ということは「天気・海を予測する」ということだ。
天気図を読む能力は、優れたマリンアスリートになるには不可欠。
特に、風や波の有無に左右されるサーフィン・ヨット・ウィンドサーフィンは、
天気図を読めることが必須となる。
また、天気を読めることは、海だけではなく、普段の生活にも役立つ。

台風の進路予想図の見方

予想円の中に
台風の中心が入るのは70%

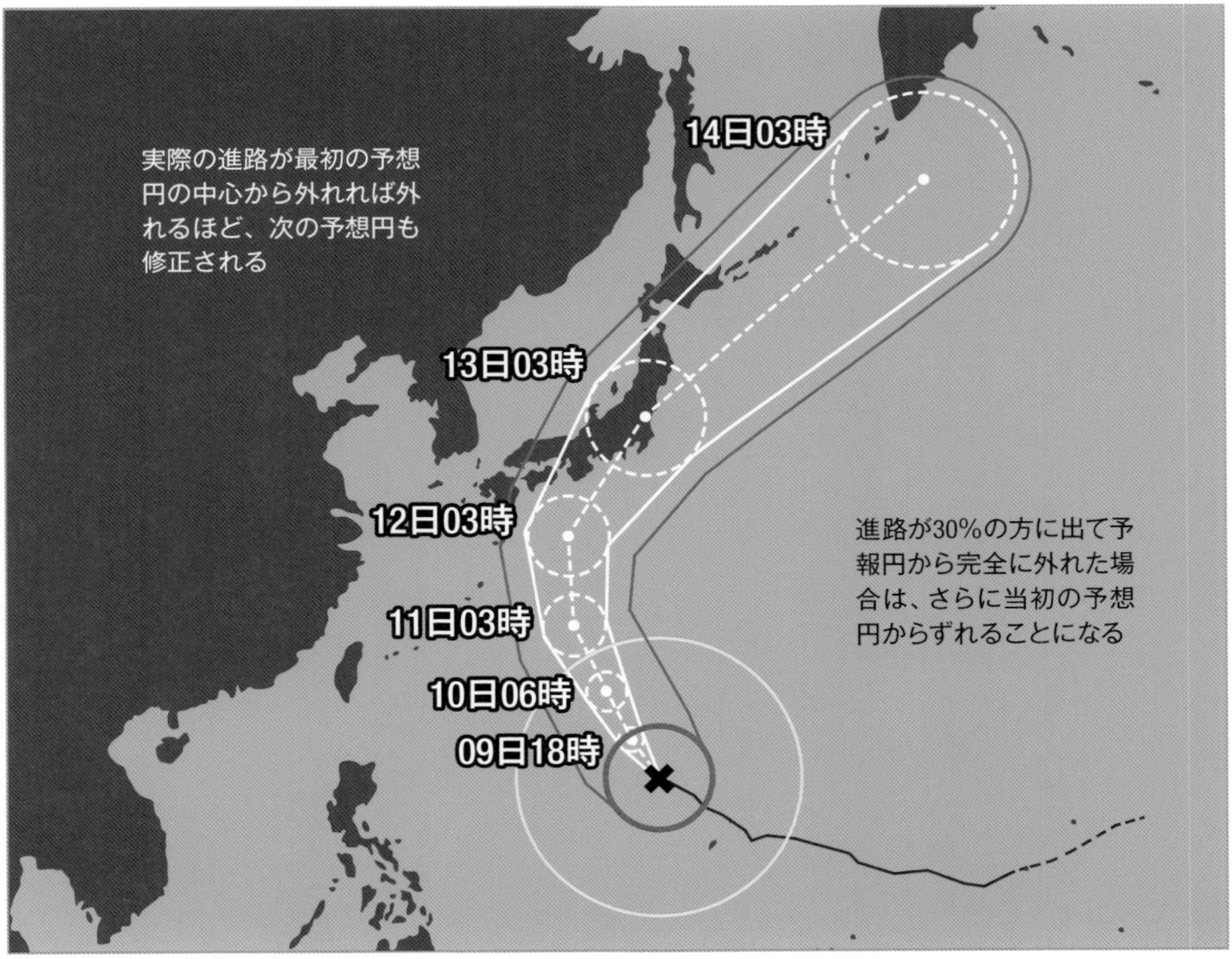
14日03時
実際の進路が最初の予想円の中心から外れれば外れるほど、次の予想円も修正される
13日03時
12日03時
進路が30%の方に出て予報円から完全に外れた場合は、さらに当初の予想円からずれることになる
11日03時
10日06時
09日18時

時間の経過とともに更新される

台風の進路予想図には、現在の位置と、今後○時間後といった位置が示されている。この予想円には明確なルールがあるが、あまり知られていない。

予想円は、この中に台風の中心部が70%の確率で入るということを表している。だから予想円の縁に移動したときは、暴風域、強風域は円の外へ大きく出ることになる。

またあくまで70%である。30%は外に出る可能性がある。だから予想図は時間の経過とともに修正される。数日前に円の外だったからといって油断できない。それくらい台風の予想は難しいということでもある。

降水確率の見方

「確率」は過去のデータを参考にしたもの

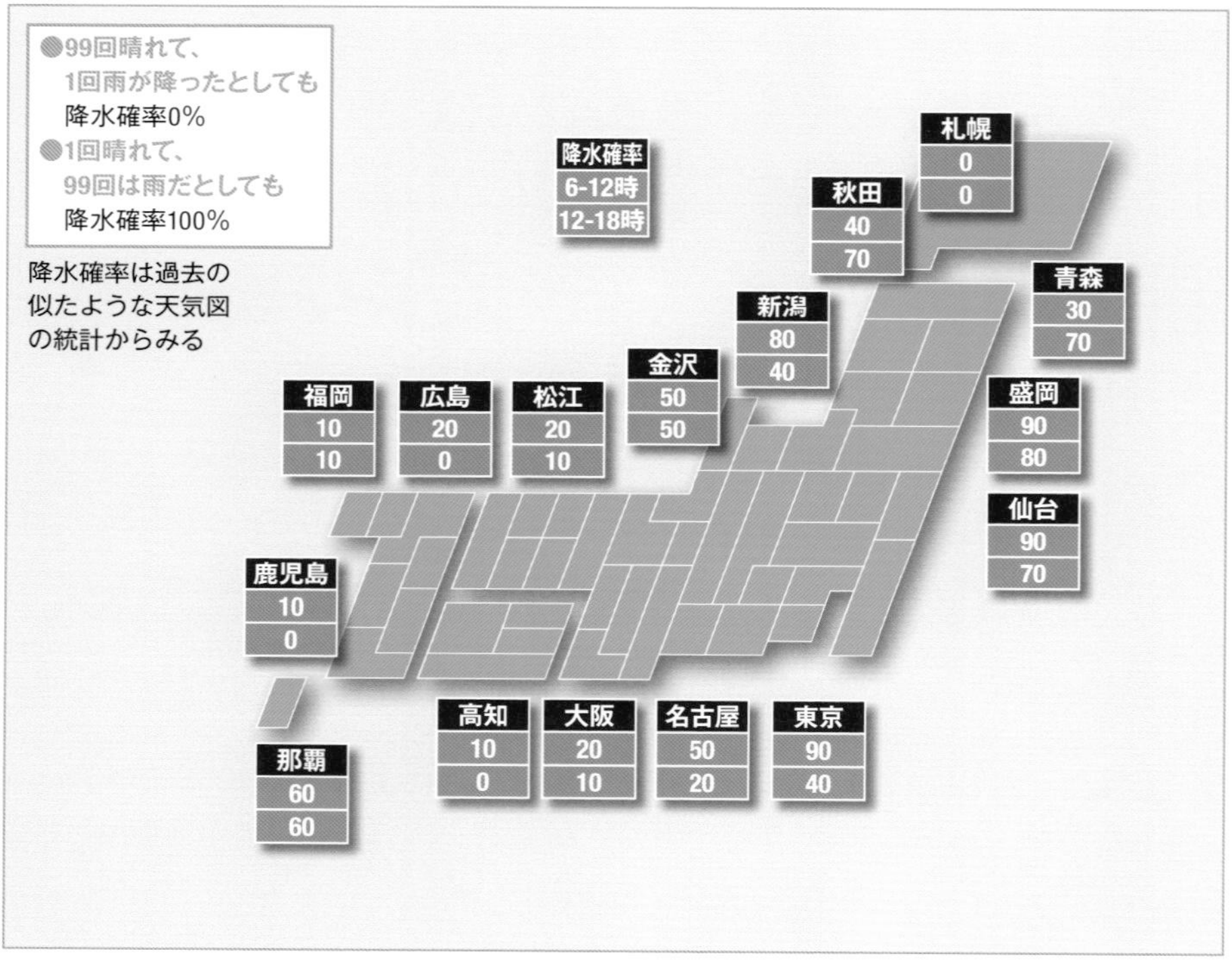

降水確率100%と0%の意味は

天気予報で、降水確率0%とか100%と言われると違和感がないだろうか。予報に絶対はない。それなのに0%・100%は「絶対」と言っていることになる。

天気予報で○%というとき、単なる確率を示しているのではない。**同じような気圧配置だった過去の実際の天気を参考にして、100回中何回がどうだったかの割合を10%刻みで示したものだ。**つまり過去100回の同じような気圧配置で、99回は雨が降らず、1回だけ雨が降ったことがあったとしても、四捨五入されて0%になる。逆に1回だけ雨が降らなくても降水確率は100%。ちなみに、雨が降る予報を出して実際は雨が降らないと『空振り』、実際は雨なのに雨が降らないと予報していると『見逃し』という。

週間予報

天気予報の信頼度A、B、Cの見方

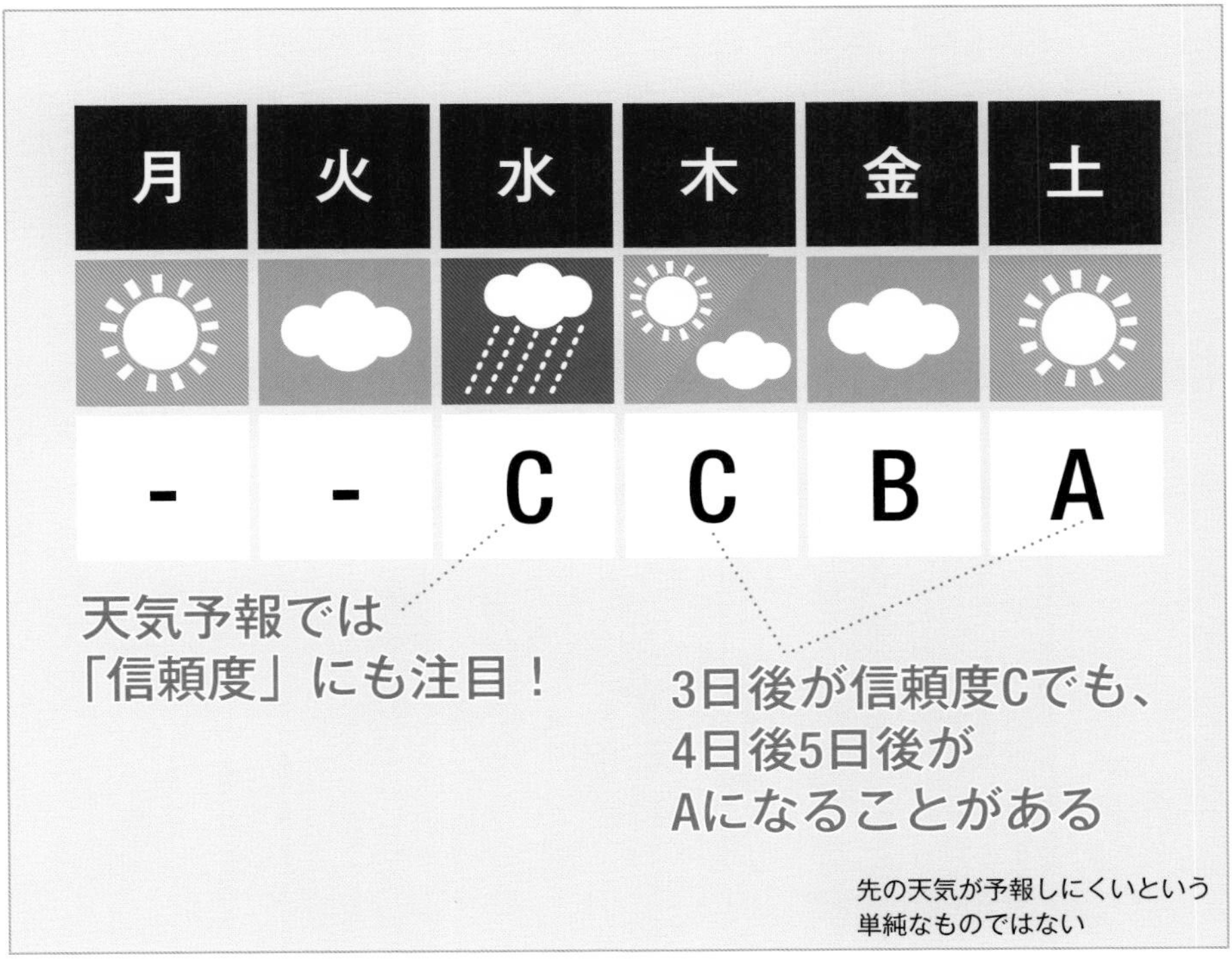

月
火
水
木
金
土
-
-
C
C
B
A
天気予報では
「信頼度」にも注目！
3日後が信頼度Cでも、
4日後5日後が
Aになることがある
先の天気が予報しにくいという
単純なものではない

1週間先が予想しやすいことも

気象庁の週間天気予報には、きょう・あす・あさっての天気予報には示されていない**アルファベット「A」「B」「C」が並んでいる。これはその予報の「信頼度」**。3日後以降の予報につけられている。Aは確度が高く、Cは低いという意味だ。

おもしろいのが、3日後がCだったのに、4日後がB。そして6日後にはAがつくようなケースがあるところ。

例えば春や秋のように、高気圧と低気圧が交互に来るような季節では、低気圧の通過はコースや時間などの正確な予想が難しいが、その後の高気圧は予想がしやすいために起こる。

天気は近いほど予想しやすいという単純なものではないことがわかる。

季節予報

地球規模で気象を分析して数か月の傾向を予測

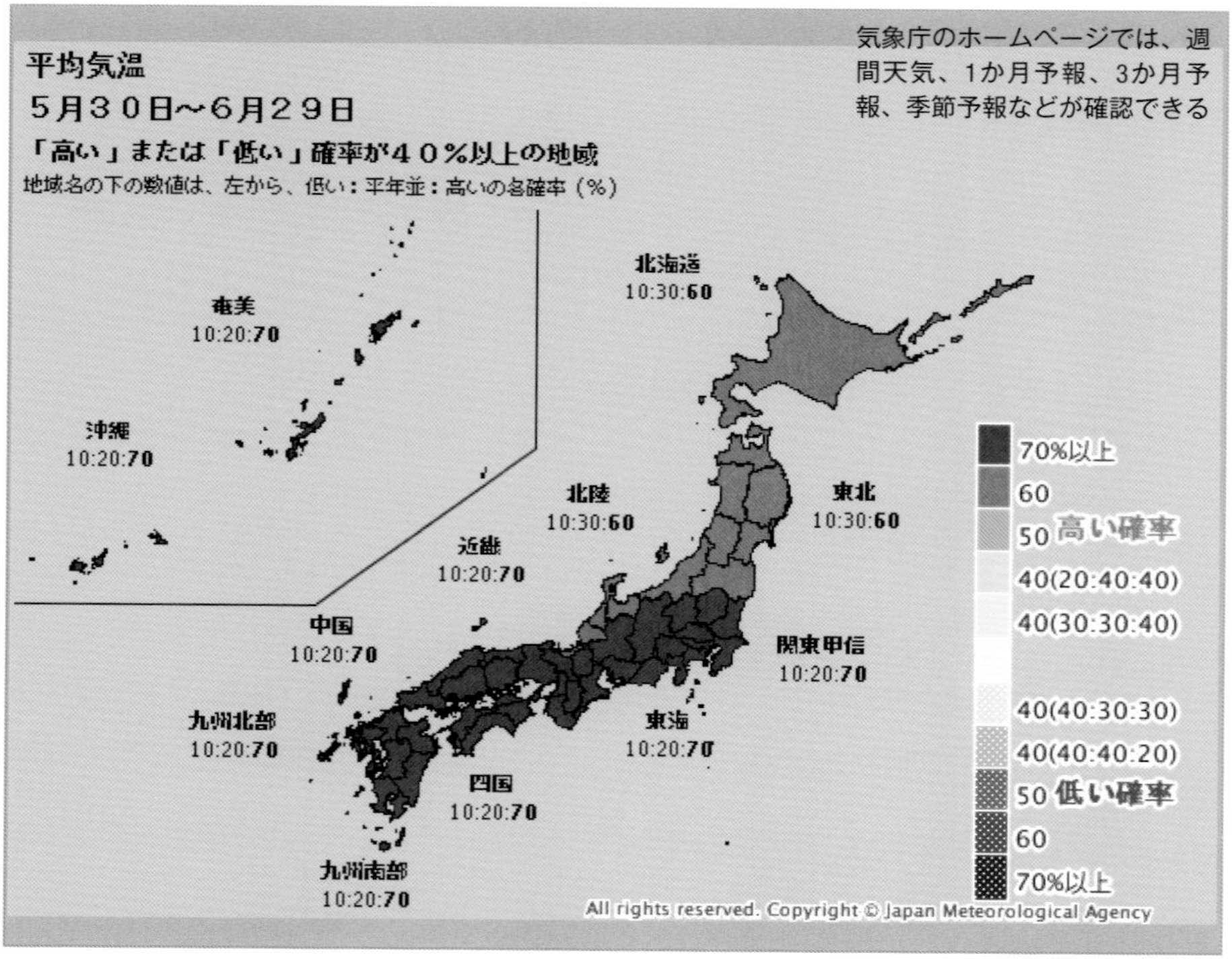

気象庁のホームページでは、週間天気、1か月予報、3か月予報、季節予報などが確認できる

※気象庁ホームページより

様々な現象を総合的に判断

気象庁の天気予報には、1か月予報、3か月予報、暖候期、寒候期というものもある。これを季節予報という。

週間天気では、3日後よりも1週間後が予測しやすいことがあったが、数か月先となると晴れか雨かを予測するのは不可能。それでも**エルニーニョ現象やラニーニャ現象などの情報を収集、分析。それを元に、数か月後の天気の傾向を発表している。**

地球規模で影響を及ぼす現象が引き起こす気象変動はだいぶわかってきている。冷夏なのか、暖冬なのかといった予報の精度は向上している。

波の高さ

有義波と有義周期で波の特徴を測る

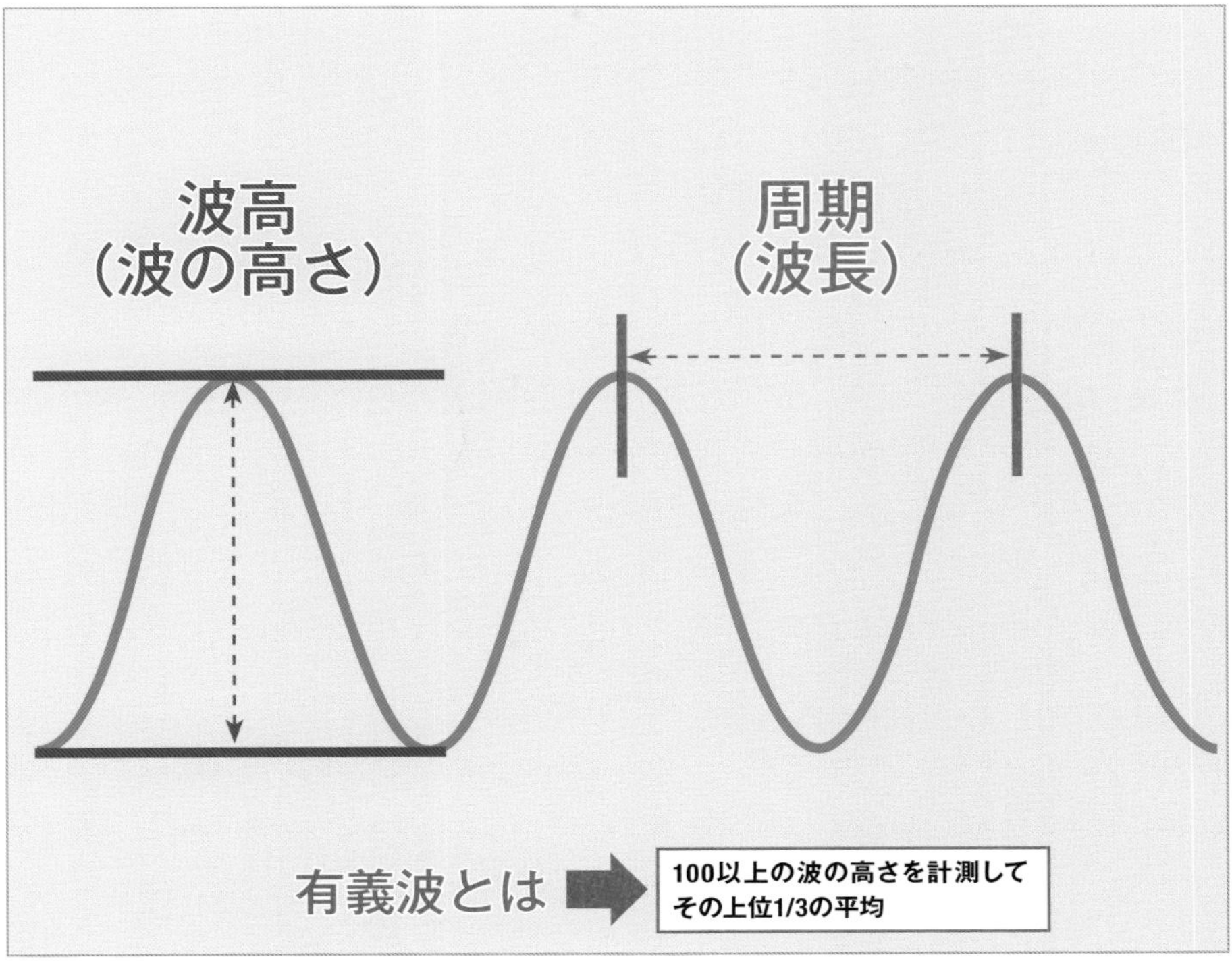
波高
（波の高さ）
周期
（波長）
有義波とは
100以上の波の高さを計測して
その上位1/3の平均

1000波に1波は2倍近い高さになる

風浪が発生する海域を波源という。風がない海面はほとんどないので、海洋上には無数の波源が存在している。また波源の風向きや風速は一定ではないため、同じ波源から発生する波の大きさは様々だ。

そこで波高を表すために、有義波という指標を用いる。ある地点で連続100以上の波高を計測。このうち高い方から1／3個の平均波高を有義波、周期を有義波周期という。**有義波は目で見たときに感じる波の高さに近いと言われている。**

有義波高を1・0としたとき、頻発する波高は0・5、全体の平均波高は0・63になる。その一方で、10回に1回打ち寄せる最大波高は1・27、100回なら1・61、1000回なら1・94になる。つまり1000回に1回は有義波の2倍近い高さの波が来ることになる。

おわりに

気象・海象は物理の方式に則って発生しています。神々しい自然現象、荒れ狂った天気は、偶然に発生しているのではなく必ず原因・理由があります。その原因がわかったときに、もつれていたヒモがほどけたように感じられるかと思います。普段の生活やマリンレジャー中に、なぜこのような現象が起きているのかを考えてみるクセをつけてください。そうすると、何気なしに見ているテレビの天気予報に対する理解が深まります。そして、この本によって得た知識を、アウトドアに持ち出して活用してください。そのとき、あなたは、一層自然のことがわかるようになっており、地球とつながっていることを感じられるようになっていると思います。

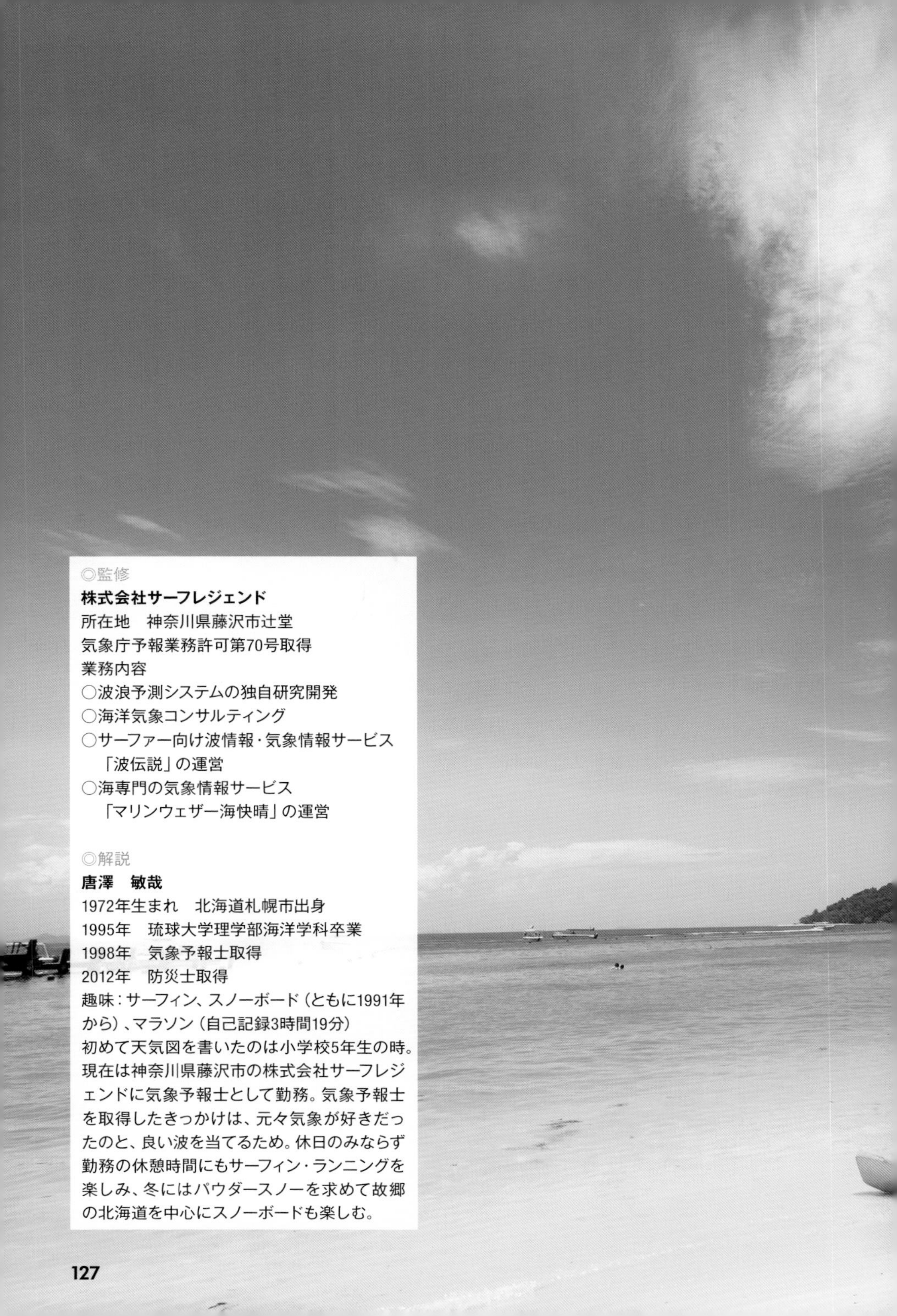

◎監修

株式会社サーフレジェンド

所在地　神奈川県藤沢市辻堂
気象庁予報業務許可第70号取得
業務内容
○波浪予測システムの独自研究開発
○海洋気象コンサルティング
○サーファー向け波情報・気象情報サービス
「波伝説」の運営
○海専門の気象情報サービス
「マリンウェザー海快晴」の運営

◎解説

唐澤　敏哉

1972年生まれ　北海道札幌市出身
1995年　琉球大学理学部海洋学科卒業
1998年　気象予報士取得
2012年　防災士取得
趣味：サーフィン、スノーボード（ともに1991年から）、マラソン（自己記録3時間19分）
初めて天気図を書いたのは小学校5年生の時。現在は神奈川県藤沢市の株式会社サーフレジェンドに気象予報士として勤務。気象予報士を取得したきっかけは、元々気象が好きだったのと、良い波を当てるため。休日のみならず勤務の休憩時間にもサーフィン・ランニングを楽しみ、冬にはパウダースノーを求めて故郷の北海道を中心にスノーボードも楽しむ。

マリンスポーツのための 海の気象がわかる本 新版
知っておきたい55の知識

2024年3月15日　　第1版・第1刷発行

監　修　サーフレジェンド
発行者　株式会社メイツユニバーサルコンテンツ
　　　　代表者　大羽 孝志
　　　　〒102-0093 東京都千代田区平河町一丁目 1-8
印　刷　株式会社厚徳社

◎『メイツ出版』は当社の商標です。

ご意見・ご感想はホームページから承っております。
ウェブサイト　https://www.mates-publishing.co.jp/

企画担当：千代 寧

※本書は2021年発行の『マリンスポーツのための 海の気象がわかる本 知っておきたい55の知識』を「新版」として発売するにあたり、内容を確認し一部必要な修正を行ったものです。